电网检修运维成本精益化管控

国网天津市电力公司　主编

天津大学出版社
TIANJIN UNIVERSITY PRESS

图书在版编目(CIP)数据

电网检修运维成本精益化管控 / 国网天津市电力公司主编. -- 天津：天津大学出版社, 2021.12

ISBN 978-7-5618-7107-2

Ⅰ.①电… Ⅱ.①国… Ⅲ.①电网－检修－预算定额－中国②电网－电力系统运行－预算定额－中国 Ⅳ.①F426.61

中国版本图书馆CIP数据核字(2022)第004158号

出版发行	天津大学出版社
地 址	天津市卫津路92号天津大学内(邮编:300072)
电 话	发行部:022-27403647
网 址	www.tjupress.com.cn
印 刷	北京盛通商印快线网络科技有限公司
经 销	全国各地新华书店
开 本	185mm×260mm
印 张	11.75
字 数	290千
版 次	2021年12月第1版
印 次	2021年12月第1次
定 价	59.00元

《电网检修运维成本精益化管控》
编委会

主　编　郭　浩　方　静

参　编　刘兆领　郑渠岸　刘　莹　滕　飞　陆　杨

马　垚　李庆凤　宋　瑞　董艳唯　白　煜

苏　欣　李　楠　李　畅　孙育东　王可坛

蔺金泉　周光耀　庞玉志　王建虎　潘星辰

前　言

随着我国总经济体量的不断加大和经济结构的不断优化,电力需求量越来越大,电网规模也不断扩大,随之而来的是电网检修运维费用急剧增加,给电网企业成本控制带来极大的挑战。一方面,国家对实体经济的扶持力度持续加大,工商业电价持续降低,供电企业的利润率持续下降,经营压力加大;另一方面,国家加强了对供电企业社会责任和利润的双向考核,要求供电企业履行社会责任,提高服务水平,同时缩减成本、改善业务模式,保证一定的利润增长率。国家电网有限公司统一部署、统一管理,加强对检修运维和运营成本的精益管理,缩减成本,避免浪费,努力提升企业的经济效益。

为更好地推进电网检修运维成本的精益管理工作,本书编写团队总结电网检修运维工作中的经验和教训,结合国家电网有限公司对成本管控工作的要求和指示精神,编写了这本适用于多个专业方向的电网检修运维成本精益化管控培训教材。本书依据《电网技术改造工程预算编制与计算规定(2020年版)》《电网检修工程预算编制与计算规定(2020年版)》,以及与之配套使用的《电网技术改造工程概算定额(2020年版)》《电网技术改造工程预算定额(2020年版)》《电网拆除工程预算定额(2020年版)》《电网检修工程预算定额(2020年版)》和《国家电网公司电网检修运维和运营管理成本标准(试行)》(国家电网办〔2009〕1295号)《检修运维标准化作业指导书》等文件,充分参考国家电网有限公司生产技改项目和生产大修项目相关的管理规定、管理思想和管理路径,结合团队多年来在电网生产技改和大修工作中积累的研究成果和实际的管理经验,调研各个专业部门和专业岗位对电网生产技改和大修项目全过程管理的知识需求后编写而成。

本书共分6章,兼顾理论性与实用性,深入浅出,重点突出,将管理理论与工程实际相结合,全面阐述电网检修运维成本精益化管控工作。其中,第1章介绍电网检修运维管理、精益管理、成本管理理论、电网企业成本管理办法等综述性的内容;第2章依次从电网企业标准成本管理、电网检修运维成本标准的制定和电网检修工程成本定额管理总述等方面介绍电网检修运维标准成本管理相关内容;第3章介绍变电设备检修定额管理相关内容,包括变压器检修定额管理,开关类设备检修定额管理,四小器检修定额,母线、绝缘子检修定额管理,交直流、仪表定额管理,保护、综合自动化、自动化定额管理,通信设备检修定额管理,电气试验定额管理等内容;第4章介绍电网线路检修定额管理相关内容,包括架空线路检修定额管理、电力电缆检修定额管理、配电设备检修定额管理等;第5章介绍电网检修工程预算管理相关内容,主要从术语解释、电网检修工程预算构成及计算方法以及预算编制方法等方面展开介绍;第6章介绍全寿命周期成本管理框架下的电网检修运维成本核算相关内容,包括电网设备资产全寿命周期成本核算模型、电网区域级资产年度综合成本核算模型和电网区域级资产年度综合成本与设备级资产年度成本耦合关系模型等。

随着电力市场进一步放开,"碳达峰,碳中和"工作进一步深入,拥有增量配电网资源的售电公司或综合能源服务公司同样有检修运维成本精益化管控的需求。本书旨在抛砖引玉,希望能够给予广大电力从业者启发和帮助,书中有考虑不周或论述不足之处,恳请广大读者批评指正,帮助我们持续改进。

目　　录

第1章　综述 ……………………………………………………………………………… 1

1.1　电网检修运维管理概述 ……………………………………………………… 1

1.1.1　电网检修运维管理内容 …………………………………………… 1

1.1.2　支撑保障与考核 …………………………………………………… 6

1.1.3　业务流程单 ………………………………………………………… 7

1.2　精益管理概述 ………………………………………………………………… 9

1.2.1　精益管理理论 ……………………………………………………… 9

1.2.2　精益成本管理 ……………………………………………………… 13

1.3　成本管理理论概述 …………………………………………………………… 19

1.3.1　成本管理概念 ……………………………………………………… 19

1.3.2　成本管理方法 ……………………………………………………… 20

1.4　电网企业成本管理办法 ……………………………………………………… 29

1.4.1　成本管理的基本原则 ……………………………………………… 29

1.4.2　成本管理组织机构与职责分工 …………………………………… 30

1.4.3　资产形成前期成本管理 …………………………………………… 31

1.4.4　资产形成过程成本管理 …………………………………………… 32

1.4.5　资产运营期间及退出成本管理 …………………………………… 33

1.4.6　产业、金融单位成本管理 ………………………………………… 36

1.4.7　标准成本管理 ……………………………………………………… 36

1.4.8　成本管理绩效评价与监督 ………………………………………… 38

第2章　电网检修运维标准成本管理 …………………………………………………… 39

2.1　电网企业标准成本管理 ……………………………………………………… 39

2.1.1　电网企业实施标准成本管理的背景 ……………………………… 39

2.1.2　电网企业标准成本管理制度 ……………………………………… 41

2.2　电网检修运维成本标准的制定 ……………………………………………… 44

2.2.1　成本标准制定依据 ………………………………………………… 44

2.2.2　成本标准层次构成与核定方法 …………………………………… 44

2.2.3　成本项目、列支范围与计算方法 ………………………………… 46

2.2.4　电网检修运维标准成本示例 ……………………………………… 47

2.3　电网检修工程成本定额管理总述 …………………………………………… 49

2.3.1　国家能源局颁布的《电网检修工程预算定额（2020 年版）》 …… 49

　　2.3.2　《国家电网有限公司电网设备检修成本定额》……………………………50

第3章　变电设备检修定额管理 ……………………………………………………53
　3.1　变压器检修定额管理 ……………………………………………………………54
　3.2　开关类设备检修定额管理 ………………………………………………………57
　3.3　四小器检修定额 …………………………………………………………………64
　3.4　母线、绝缘子检修定额管理 ……………………………………………………68
　3.5　交直流、仪表定额管理 …………………………………………………………69
　3.6　保护、综合自动化、自动化定额管理 …………………………………………72
　3.7　通信设备检修定额管理 …………………………………………………………91
　3.8　电气试验定额管理 ………………………………………………………………97

第4章　电网线路检修定额管理 ……………………………………………………106
　4.1　架空线路检修定额管理 …………………………………………………………107
　4.2　电力电缆检修定额管理 …………………………………………………………115
　4.3　配电设备检修定额管理 …………………………………………………………123

第5章　电网检修工程预算管理 ……………………………………………………128
　5.1　术语解释 …………………………………………………………………………128
　　5.1.1　一般术语 ……………………………………………………………………128
　　5.1.2　建筑修缮和设备检修术语 …………………………………………………128
　　5.1.3　应急抢修工程术语 …………………………………………………………131
　　5.1.4　配件购置相关术语 …………………………………………………………131
　　5.1.5　其他费用及基本预备费术语 ………………………………………………132
　5.2　电网检修工程预算构成及计算方法 ……………………………………………134
　　5.2.1　电网检修工程预算构成 ……………………………………………………134
　　5.2.2　电网检修工程和应急抢修工程建筑修缮（设备检修）费计算规定 …………135
　5.3　预算编制方法 ……………………………………………………………………144

第6章　全寿命周期成本管理框架下的电网检修运维成本核算 …………………149
　6.1　电网设备资产全寿命周期成本核算模型 ………………………………………150
　　6.1.1　电网设备初始投资成本核算模型 …………………………………………151
　　6.1.2　电网设备级检修运维成本核算模型 ………………………………………151
　　6.1.3　故障成本核算模型 …………………………………………………………159
　　6.1.4　电网设备退役处置成本核算模型 …………………………………………159
　　6.1.5　算例分析 ……………………………………………………………………160
　6.2　电网区域级资产年度综合成本核算模型 ………………………………………163
　　6.2.1　考虑区域差异性的电网区域级年度成本核算模型 ………………………163
　　6.2.2　电网区域级初始投资年度成本核算模型 …………………………………164
　　6.2.3　电网区域级年度检修运维成本核算模型 …………………………………165

6.2.4 区域级年度故障成本核算模型 ·· 167

6.2.5 电网区域级年度退役处置成本核算模型 ···························· 167

6.2.6 算例分析 ·· 167

6.3 电网区域级资产年度综合成本与设备级资产年度成本耦合关系模型 ·········· 170

6.3.1 初始投资阶段耦合关系 ··· 170

6.3.2 运营维护阶段耦合关系 ··· 172

6.3.3 算例分析 ·· 174

第 1 章　综述

本章主要介绍关于电网检修运维管理、成本管理理论和电网企业成本管理办法等概述性的内容。

本章内容,一方面是对整本书内容的概括介绍,另一方面也概括介绍了电网检修运维成本精益化管控工作涉及的电网检修运维工作、成本管理和电网企业成本管理理论办法相关理论,为学员更好地学习本书后续内容搭建基础。

1.1　电网检修运维管理概述

所谓电网检修运维(以下简称"运检")管理,是指与电网设备和水电(抽蓄)设备设施运检有关的管理工作,包括电网实物资产管理、设备运维管理、设备检修管理、专业技术管理、状态检修管理、技术监督管理、技改大修管理、业务外包管理等。

1.1.1　电网检修运维管理内容

1. 电网实物资产管理

电网实物资产是指属于固定资产范畴的电厂设备、电网一次设备、厂站自动化系统、调度自动化系统、继电保护及安全自动装置、电力通信设备、自动控制设备、电网(厂)生产建筑物和构筑物等辅助及附属设施、安全技术劳动保护设施、非贸易结算电能计量装置、试验及监(检)测装备、专用工器具、生产服务车辆等。

电网实物资产管理包括电网实物资产新增、维护、退役、报废、再利用、分析评价等内容。各级运检部门负责电网实物资产的归口管理,其他部门应按照专业分工,参与电网实物资产管理。

电网实物资产管理工作的主要要求如下:

(1)落实各级电网实物资产管理责任,严格设备新增管理,规范实物资产移交,与工程验收同步开展实物资产清点。强化现场设备、台账和资产卡片一致性管理,实现电网实物资产管理与价值管理的统一与联动,开展电网实物资产管理评价,推动设备管理向资产管理转变。

(2)在项目可研阶段评价退役设备健康状况和再使用方案,按照设备管理层级开展设备退役分级审批,优化资产退役处置评价和再使用,提高设备使用寿命和运维经济性。

2. 设备运维管理

设备运维管理是指对架空交直流输电线路、无人值守变电站、特高压交流变电站、直流换流站、配电网、电缆及通道、水电设备等开展的运维管理。

设备运维管理包括生产准备和验收管理、设备巡视、检测、维护和通道管理、工作票和倒闸操作管理、缺陷和隐患管理、异常和故障处理、状态评价、运行分析、用户设备接入和移交管理、保供电管理、运维记录台账和档案资料管理等内容。各级运检部门负责设备运维的归口管理；其他部门应按照专业分工，参与设备运维管理。

设备运维管理工作的主要要求如下：

（1）变电运维一体化。变电运维应以运维班（站）为单位，使用统一的标准化作业指导书（卡）开展运维计划管理、倒闸操作和工作票作业。优化运维一体化项目，扩展带电检测、易损易耗件更换、设备不停电维护、主设备和二次回路消缺等作业频次高、日常或应急性的业务。

（2）输电线路立体巡检。明确直升机、无人机和人工巡检的工作界面、作业方式、巡检周期和内容，建成立体巡检体系。实施输电线路通道属地化管理，建立运行维护单位、属地供电企业、群众护线组织相结合的三级护线机制，由地（市）检修分公司、县检修（建设）工区和乡镇供电所分别按行政区划负责所辖区域内的输电线路通道维护、清障和防外破工作。

（3）配电网运维一体化。整合配电网运维操作资源，按照合理作业半径和供电服务承诺响应时间要求，分片设配电运维班组，实现配电线路、开关（配电）站设备状态巡视、停送电操作、带电检测、隐患排查、3 m 以下常规消缺等业务高度融合，实行运维一体化管理，履行 24 h 值班任务。加强配电网运维队伍建设，推进成熟带电检测技术应用，提高设备状态巡视质量和故障诊断水平。

3. 设备检修管理

设备检修管理是指对架空交直流输电线路、变电（直流）设备、配电网、电缆、水电设备等开展的检修及故障抢修管理。

设备检修管理包括检修计划、检修准备、检修实施、标准化作业、带电作业、故障抢修、安全与质量控制、档案资料管理等内容。各级运检部门负责设备检修的归口管理；其他部门应按照专业分工，参与设备检修管理。

专业化检修包括工厂化检修和轮换式检修。工厂化检修是指在工厂化环境下，以专业装备按照工厂化检修工艺标准开展的检修业务；轮换式检修是指利用已有备品备件，采取现场轮换方式开展的检修业务。

工厂化检修方式包括自主或与设备制造企业合作建设检修基地、通过合同委托方式与设备制造企业签订合作协议进行返厂检修、在现场搭建工厂化检修环境三种方式。

利用两级检修公司检修管控信息平台与生产管理信息系统进行信息交互，强化检修计划管理和检修质量过程控制，实现工厂化检修设备、轮换备品的数据共享，不断提高工厂化、轮换式检修比例。

设备检修管理工作的主要要求如下：

（1）科学确定检修方式。按照"质量第一，效益优先"的原则，综合考虑设备停电时间、检修环境、工艺要求、技术难度、运输成本等因素,科学确定现场检修、基地检修、返厂检修等检修方式。在电网运行方式允许的前提下,推广整间隔、整站停电检修,降低作业安全风险,提升工作效率。

（2）检修基地建设和功能定位。鼓励利用已有厂房、装备及与厂家等社会资源合作建设 A 级检修基地,建成适应各厂家的检修平台,减少运输费用和检修时间。根据区域半径、土地、厂房、装备等实际情况,建设 B 级检修基地,也可按变压器、断路器、隔离开关等设备类型分设检修基地。

（3）输电线路应急抢修。在两级检修公司建立应急基干队伍,完善应急预案,配置应急装备,在应急抢修时开展现场勘察、应急保障、方案制定、组织协调等工作;大型抢修任务可委托送变电公司、具有资质的内部集体企业和社会化检修施工队伍承担。建设特高压输电线路带电作业实训基地,推进直升机带电作业和 110 kV 及以上输电线路斗臂车带电作业,提高输电带电作业水平。

（4）配电网标准化抢修。开展配电网抢修专业化梯队建设,按照供电服务承诺响应时间要求和合理作业半径,分片设抢修班组,作为抢修第一梯队,全天候响应故障抢修,承担快速恢复供电的应急类故障抢修业务;在地（市）、县供电企业层面可充分利用集体企业、社会力量作为抢修第二梯队,承担配电网大型故障抢修、检修、建设和改造业务,实行抢修、检修一体化专业管理。加强营配末端业务协同配合,故障抢修涉及低压表计故障时（不含欠费、窃电类情况）,由配电网抢修人员先行换表复电,并与用户确认所换故障表示数,营销计量人员事后进行加封及电费追补等后续工作,实现标准化抢修。落实配电网抢修七类典型方案和现场标准化作业要求,建立抢修标准化流程,统一抢修作业标准,完善抢修装备及工器具标准化配置。推广配电网不停电作业,不断拓展配电网不停电作业项目,健全工作质量和指标,提升绩效考核机制,动态开展配电网不停电作业现场安全质量管控督查,强化计划停电安排、不停电消缺计划刚性管理。

（5）应急抢修机动队伍建设。统筹内外部应急抢修资源,将省送变电公司作为输变电设备抢修的机动队伍,将地（市）、县供电企业层面集体企业和社会施工队伍作为配电网及电缆设备抢修的机动梯队,在承担日常电网工程建设、大型检修等业务的同时,加强机动队伍人员的安全教育、技能培训和实战演练,确保在迎峰度夏（冬）、节假日及重要活动保电期间,实行 24 h 待命,具备随时进入工作状态的能力;在发生较大范围的自然灾害、恶劣天气、突发事件等情况时,可作为迅速响应抢修需求、快速补给施工力量的专业队伍,及时承担供电抢修、恢复重建任务,满足最大限度减少用户停电时间的要求。

4. 专业技术管理

专业技术管理是指对输电、变电、配电、直流、水电各专业设备检修运维相关技术的总结交流、研究攻关和应用指导等工作,具体包括各专业的事故调查分析、技术标准及预防事故措施制（修）订、科研项目管理、技术管理工作交流及培训等。各级运检部门（单位）是专业技术管理责任主体,各级技术支撑机构是专业技术管理实施主体。

运检部门(单位)通过设备运行数据统计分析,及时掌握设备状况变化趋势,分析设备故障及异常原因,针对突发性、苗头性、趋势性等各类问题提出防范措施,提高设备可靠运行水平。安质、物资、调控中心等部门(单位)参与设备运行分析。

运检部门(单位)根据运检工作需要,开展技术标准及预防事故措施制(修)订工作,并组织落实。建设、物资、调控中心等相关部门(单位)参与技术标准及预防事故措施制(修)订工作。

运检部门(单位)结合运检工作需要,组织开展新技术、新材料、新工艺、新装置的研究、开发、试用和推广应用。科技、物资、建设部门(单位)参与新技术研发和应用。

运检部门(单位)定期组织开展专业技术管理工作交流、技术管理培训、新技术交流推广等活动,总结设备运行规律,剖析问题隐患,提出应对措施,强化知识技能实训,交流管理经验,提高专业技术管理工作水平。

5. 状态检修管理

状态检修是指根据状态检(监)测信息,对设备健康状态和故障发展趋势做出评估,并依据设备的实际状况制订维护、检修策略和计划,合理降低检修成本,提高检修效率。

状态检修管理包括状态信息管理、状态评价、检修决策、检修计划、检修实施及绩效评估等内容。各级运检部门负责状态检修的归口管理。

状态检修管理工作的主要要求如下:

(1)组建状态诊断专家队伍,加大状态检测高技能人才选拔、培训力度,开展产品性能比对检测,加强在线监测装置入网检测和运维管理,将在线监测装置纳入专业管理,提升输变电在线监测系统实用化水平,推行带电检测标准化作业。

(2)完善设备状态评价机制,推行专家远程和现场分级集中会诊机制,严格工作质量达标评价验收,健全日常考评机制,提高设备状态检测、评价工作质量。依托两级设备评价中心,定期开展状态检修工作质量考评。

6. 技术监督管理

技术监督是指以技术标准和事实为依据,以现场检查和专业抽检为手段,对电网主要一/二次设备、发电设备、自动化/信息/电力通信设备等的健康水平和安全、质量、经济运行方面的重要参数、性能和指标,以及生产活动过程中的工作质量进行监督、检查、调整及考核评价。

全过程技术监督管理涵盖工程设计、设备采购、设备制造、设备验收、设备安装、设备调试、竣工验收、检修运维、设备退出等全过程,以及电能质量、电气设备性能、化学、电测、金属、热工、保护与控制和自动化、信息与电力通信、节能与环境保护、水轮机、水工等各个专业。

技术监督管理工作的主要要求如下:

(1)建立质量、标准、检测三位一体的技术监督体系,强化队伍建设和装备配置,健全技术监督工作机制,统一规划设计、物资采购、工程建设、设备运维等各阶段技术标准,加强家族缺陷管理和新建、改扩建工程验收,督促技术标准、反事故措施和差异化设计在各阶段的执行落实。

（2）完善组织制度保障。健全技术监督网络,完善技术监督制度标准,明晰各部门、各岗位的技术监督职责,明确工作目标和重点措施,完善组织协调、监督检查、计划编制执行、预告警单管理、监督质量考评等制度标准,规范技术监督工作。

（3）健全技术监督机制。通过开展全过程、全方位技术监督,对查出的技术标准存在重大偏差、设备存在隐患等严重问题,及时发布预告警单,责令相关部门和单位限期整改并跟踪落实情况,增强技术监督的权威性和严肃性。建立量化考评体系,定期对各阶段、各专业技术监督工作质量进行评价。根据电网各个时期的运行特点、难点调整技术监督工作重点,针对电网专业技术与管理的薄弱点、危险点进行适时有效的监督。将常规技术监督和专项技术监督相结合,将专业技术监督与设备技术监督相结合,统筹做好全过程技术监督。

（4）加强工程启动验收工作。为保证基建和运检阶段的无缝衔接,工程启动验收工作由基建和运检部门共同组织。健全规章制度,明确相应职责分工和工作流程,建立基建运检协同高效、标准统一、执行规范的工程验收机制。同时,做好可研设计、设备采购、工程建设、安装调试等工程启动验收前的技术监督工作,及时向工程组织单位反馈问题,并督促整改。

7. 技改大修管理

生产技术改造是指对现有电网生产设备、设施及相关辅助设施等资产进行更新、完善和配套;生产设备大修是指为恢复资产（包括设备、设施及辅助设施等）原有形态和能力,按项目制管理的修理性工作。

技改大修管理包括项目前期管理（含规划、可研、储备）、项目计划和预算管理、项目实施管理 [含招标采购、设计、施工、监理、竣工验收、结算决算、设备拆旧、档案管理、工程造价分析（或项目成本分析）、项目后评价] 等内容。各级运检部门负责技改大修的归口管理,其他部门按照专业分工,参与技改大修管理。

技改大修管理工作的主要要求如下:

（1）完善技改大修管理体系。做到统一管理、分级负责、集中报备,强化计划到底和刚性执行,加快推进项目全过程信息化管理,实现与 ERP 系统集成共享。

（2）推行项目立项优化决策机制。制定和完善公司总部、省公司两级技改大修原则,推行基于资产（设备）评价的技改大修项目立项优化决策机制。常态化开展项目储备,强化各级经研院（所）业务支撑,严格项目立项审查。

（3）加强计划执行和项目实施过程监督,逐级开展计划执行情况检查。开展技改大修工程造价（成本）分析,提高技改大修管理精益化水平。

8. 业务外包管理

业务外包是指由业务发包方将所承担的运检业务（例如对电网设备及附属设施进行的生产技改、运维、试验、检修、抢修等工作）整体或部分以合同方式发包给满足条件的业务承包商,承包单位按照合同约定独立或配合完成有关生产业务的行为。

业务外包管理包括外包项目立项、项目发包、承包单位资质审查、项目实施管理(包括进度、安全、质量、费用管理)等内容。各级运检部门负责业务外包工作的归口管理,其他部门按照专业分工,参与业务外包管理。

按照与电网安全运行的关联度、业务外包管控难度以及内外部资源业务承接能力等因素,业务可分为核心业务、常规业务和一般业务。

(1)核心业务的范围由国网运检部发布并滚动修订,核心业务不得进行业务外包。

(2)常规业务的范围由国网运检部发布指导意见并滚动修订,常规业务可以开展业务外包。

(3)一般业务是指核心业务、常规业务范围以外的运检业务,一般业务宜开展业务外包。

业务外包管理工作的主要要求如下:

(1)规范运检业务外包管理。严格执行公司相关制度标准,明确管理主体,落实安全生产责任,严禁违规分包、转包和以包代管,规范业务外包计划与合同管理、外包资质审查、承包单位招标、安全质量、资金进度以及考核评价和责任追究等管理工作。核心业务、常规业务由国网运检部发布,每两年修订一次。各单位核心业务一律不允许外包,稳妥拓展常规业务中可开展外包的业务,积极开展一般业务外包。

(2)培育运检业务外包市场。统筹外包项目数量并规范框架承包形式,修订检修定额,明确成本范畴业务外包的列支渠道和标准。建立外包厂家统一管理平台,构建外包队伍信息库并动态评价工程质量、过程管理等履约信用,引入竞争手段,充分调动集体企业、供电服务公司、社会施工队伍、制造厂家等运检资源,形成市场激励机制。

(3)加强外包实施管理。成立省级外包管理专家库,形成包括资质审查、合同签订、外包方案审核、现场安全管控、效果评价的全过程外包管理体系。探索购买服务、延长设备质保期的外包方式,降低主设备运维周期成本。

1.1.2　支撑保障与考核

统一运检专业管理制度和技术标准体系框架,统一制(修)订和完善公司运检管理通则、管理制度、作业标准和现场规程,优化各项运检业务流程,细化关键工作节点技术和管理要求;统一制(修)订涵盖全电压等级、全系列设备的技术标准,实现管理制度一贯到底、技术标准一级覆盖。确保业务按流程运行、职责按岗位落实、业务上下贯通、流程横向协同。

强化运检装备体系建设,明确省、地(市)、县及乡镇供电所各级运检装备配置标准和差异化配置要求,实施分级储备、分级调配,完善技术支持手段,推广应用先进、适用的仪器仪表、移动作业终端、专用作业车辆和工器具,建立满足设备状态检测、带电作业、应急抢修、供电保障所需的现代运检装备体系,实现运检人员"单兵作战"和"协同作业"能力双提升。

加大技能人才岗位培训力度,根据不同专业实施差异化培训,针对运维、检修、工程技经等不同岗位制订相应培训教材、方案和计划,完善"一岗多能""一人多岗"激励机制,加快培养专家人才队伍,不断拓展业务技能,修订和完善各专业岗位序列,根据技能水平设置多级岗位序列,采取有效措施鼓励"一岗多能",提高运检人员综合素质和运检劳动效率。

运检绩效实行统一管理、分级考评。将各专业运检管理指标统一纳入运检绩效指标体系进行统计分析。各级运检部是运检绩效管理的归口部门,实行逐级考核。

运检绩效管理是指对公司系统各级单位输电、变电、配电及水电设备(设施)运检管理工作成效进行分析、评价与考核。运检绩效管理主要包括指标体系设置、指标数据统计、数据质量评价、绩效评价提升等。运检绩效评价结果反映各级单位设备运检管理水平,指导制订并落实提升措施,同时与企业负责人年度业绩考核、对标评价、创先评优等挂钩。

1.1.3　业务流程单

在实际工作中,检修运维工作一般采用对应的业务流程来处理。其对应的业务流程单见表 1-1。

表 1-1　检修运维工作的业务流程单

一级流程	二级流程	具体流程
01 实物资产	01 电网实物资产管理	01 实物资产新增管理流程
		02 实物资产划入及调拨管理流程
		03 实物资产清查盘点管理流程
		04 实物资产退役管理流程
		05 实物资产再利用管理流程
		06 实物资产报废管理流程
02 生产零购	01 运检装备配置使用管理	07 运检装备配置使用管理流程
	02 生产服务用车管理	08 生产服务用车管理流程
	03 电网设备备品备件管理	09 电网设备备品备件管理流程
03 设备运检	01 生产准备及验收管理	10 生产准备及验收管理流程
	02 电网设备缺陷管理	11 输变电设备缺陷管理流程
		12 配电设备缺陷管理流程
		13 家族缺陷管理流程
	03 设备运维管理	14 无人值守变电站运维管理流程
		15 特高压交流变电站运维管理流程
		16 直流换流站运维管理流程
		17 输电线路运维管理流程
		18 配电网运维管理流程
		19 电缆及通道运维管理流程
		20 水电运维管理流程
		21 配电自动化建设及改造管理流程
		22 配电自动化运维管理流程
		23 电网设备供电保障运维管理流程

续表

一级流程	二级流程	具体流程
03 设备运检	04 设备检修管理	24 变电（直流）设备检修管理流程
		25 变电（直流）设备抢修管理流程
		26 输电线路检修管理流程
		27 配电网设备检修管理流程
		28 配电网故障抢修管理流程
		29 电缆检修管理流程
		30　20 kV 及以下电缆故障抢修管理流程
		31　35 kV 及以上电缆故障抢修管理流程
		32 水电设备检修管理流程
	05 状态检修管理	33 状态检修工作管理流程
		34 电网设备状态信息收集流程
		35 电网设备状态评价管理流程
		36 电网设备状态检修计划编制管理流程
		37 状态检修计划实施标准管理流程
		38 现场标准化作业执行管理流程
		39 电网设备状态检修绩效评估管理流程
	06 状态监测系统管理	40 站端监测装置接入投运及退役管理流程
		41 状态监测系统运维管理流程
	07 电网设备运检信息管理	42 电网设备运检信息管理流程
	08 运检业务外包管理	43 运检业务外包管理流程
	09 运检绩效管理	44 运检绩效管理流程
04 技术监督	01 技术监督管理	45 技术监督全过程管理流程
		46 技术监督预警单发布管理流程
		47 技术监督告警单发布管理流程
	02 供电电压、电网谐波及技术线损管理	48 供电电压管理流程
		49 谐波管理流程
05 技改大修	01 生产技术改造工作管理	50 生产技术改造规划管理流程
		51 生产技术改造项目储备管理流程
		52 生产技术改造项目计划管理流程
		53 生产技术改造项目应急新增管理流程
		54 生产技术改造项目实施管理流程
	02 生产设备大修工作管理	55 生产设备大修项目储备管理流程
		56 生产设备大修项目计划管理流程
		57 生产设备大修项目应急新增管理流程
		58 生产设备大修项目实施管理流程

一级流程	二级流程	具体流程
05 技改大修	03 生产技改大修实施管理	59 生产技术改造和设备大修项目可研编制与评审管理流程
		60 生产技术改造和设备大修初设编制及评审管理流程
		61 生产技术改造和设备大修项目竣工验收管理流程
		62 生产技术改造工程竣工决算管理流程
		63 生产技术改造项目后评价管理流程
06 电力设施保护	01 电力设施保护管理	64 电力设施保护管理流程
07 电网设备消防	01 电网设备消防管理	65 电网设备消防管理流程
08 防汛及防灾减灾	01 防汛及防灾减灾管理	66 防汛及防灾减灾管理流程

1.2　精益管理概述

精益管理理论起源于"精益生产方式",精益生产方式是一个以减少浪费为特色的多品种、小批量、高质量和低消耗的生产系统——丰田生产方式。这种生产方式被美国学者研究后称为"精益生产方式",并在全球广泛传播和应用。这种生产方式是对传统工业生产方式的巨大变革,它是在精益管理思想的指导下,以"准时制"和"自动化"为支柱,以"标准化""平顺化""改善"为依托,借助"5S""看板"等工具形成的一套生产管理模式。

1.2.1　精益管理理论

精益管理最初在生产系统管理中实践成功,现已逐步延伸到企业的各项管理业务,也由最初的具体业务管理方法上升为战略管理理念。它能够通过提高用户满意度、降低成本、提高质量、加快流转速度和改善资本投入,最大化实现股东价值。

精益管理就是管理要实现"精"和"益"。

（1）"精",即少投入、少消耗资源、少花时间,尤其是要减少不可再生资源的投入和耗费,且保证高质量。

（2）"益",即多产出经济效益,实现企业升级的目标。

1. 精益管理的内涵

精益管理要求企业的各项活动都必须运用"精益思维"。精益思维的核心就是以最少的资源（包括人力、设备、资金、材料、时间和空间）投入,创造出尽可能多的价值,为用户提供新产品和及时的服务。

精益管理的目标可以概括为企业在为用户提供满意的产品与服务的同时,把浪费降到最低程度。

2. 精益管理的思想和原则

什么是精益管理？精益企业到底是怎样的面貌？詹姆斯·沃麦克（James Womack）和丹尼尔·琼斯（Daniel Jones）在他们精辟的著作《精益思想》中提炼出了精益管理五原则，即用户确定价值（Customer value）、识别价值流（Value stream mapping）、价值流动（Value flow）、拉动（Pulling）、尽善尽美（Perfection）。精益管理的核心思想可概括为消除浪费、创造价值。

精益管理是精益生产理论的扩展，是精益思想在企业各层面的深入应用；精益管理是以精益思想为指导，以持续追求浪费最小、价值最大的生产方式和工作方式为目标的管理模式。

1）用户确定价值

用户确定价值就是以用户的观点来确定企业从设计到生产再到交付的全部过程，实现用户需求的最大满足。以用户的观点确定价值还必须将生产全过程多余消耗减至最少，不将额外的花销转嫁给用户。精益价值观将商家和用户的利益统一起来，而不是过去那种对立的观点。用以用户为中心的价值观来审视企业的产品设计、制造过程、服务项目会发现存在很多的浪费，包括从不满足用户需求到过分的功能和多余的非增值消耗。

2）识别价值流

价值流是指从原材料转变为成品，并给它赋予价值的全部活动。精益思想识别价值流的含义是在价值流中找到哪些是真正增值的活动，哪些是可以立即去掉的不增值活动。精益思想将所有业务过程中消耗了资源而不增值的活动称为浪费。识别价值流就是发现浪费和消灭浪费。价值流分析是实施精益思想最重要的工具。

价值流并不是从自己企业内部开始的，多数价值流都是向前延伸到供应商，向后延长到向用户交付的活动。按照最终用户的观点全面地考察价值流、寻求全过程的整体最佳，特别是推敲部门之间交接的过程，往往会发现存在更多的浪费。

3）价值流动

精益思想要求创造价值的各个活动（步骤）流动起来，强调的是不间断地"流动"。精益思想将所有的停滞视作企业的浪费，号召用持续改进、准时制、单件流等方法在任何批量生产条件下创造价值的连续流动。环境、设备的完好性是流动的保证。5S现场管理法、全员生产维护（TPM）都是价值流动的前提条件。还要有合理安排人力和设备的能力，避免产品在各个阶段的停滞与等待。

4）拉动

拉动就是按用户的需求投入和产出，使用户精确地在他们需要的时间得到需要的东西。拉动原则更深远的意义在于企业具备了用户一旦需要，就能立即进行设计、计划和制造出用户真正需要的产品的能力，最后实现抛开预测，直接按用户的实际需要进行生产。

5）尽善尽美

奇迹的出现是上述4个原则相互作用的结果。改进的结果必然是价值流动速度显著加快。这样就必须不断地用价值流分析方法找出更隐藏的浪费，做进一步的改进。如此良性循环成就趋于尽善尽美的过程。近年来，Womack又反复地阐述了精益制造的目标是"通过尽善尽美的价值创造过程(包括设计、制造和对产品或服务整个寿命周期的支持)为用户提供尽善尽美的价值"。"尽善尽美"是很难达到的,但持续不断地追求尽善尽美,将造就一个永远充满活力、不断进步的企业。

3. 精细化与精益化的比较

国家电网有限公司在其 2008 年工作会议报告中将"两个转变"战略中的"四化"表述为"着力推进集团化运作、集约化发展、精益管理、标准化建设"。而此前表述为"着力推进集团化运作、集约化发展、精细化管理、标准化建设"。其中对精细化与精益化的关系阐述为:"精益管理是对精细化管理的提升,更加注重结果和成效。"华安盛道认为,精益不是简单的对精细化的升级,而是让管理改进有了战略方向,有了指导思想和灵魂,并有经实践验证过的系统方法和工具。

实施精益管理,对工业企业和服务型企业都很有必要,它是在精细化管理基础之上,追求规范化、程序化和数据化管理,落实效益中心的一种管理新境界。

实施精益管理,切不可简单照搬其他企业或国外成功企业实施精益管理的具体做法,不同行业企业推行精益管理,必须结合自身行业实际和企业实际,对精益管理进行深入研究、实践,形成一套系统的更加适合行业和企业发展的精益管理方法。

4. 企业进行精益管理思路

工业企业精益管理的主旨是消除浪费、创造价值,提高用户满意度和企业效益。精益管理的实质就是提高效益,从根本意义上来说,就是以最优的品质、最低的成本实现企业经济效益与社会效益的最大化。

确定精益管理的重点和思路后,就要考虑如何推动实施精益管理。应着重从以下几个方面入手。

(1)提高管理者认识。各级管理者的重视与责任是推进精益管理的关键,只有领导者高度重视精益管理,深刻理解精益管理的内涵,明确管理责任、以身作则,坚持"消除浪费、提高效率"理念,采取有效措施保障企业管理遵循精益思路开展工作,精益管理工作才能稳步推进。

(2)调动员工积极性。基层员工是各项管理工作运转的具体执行者,对管理工作存在的薄弱节点有着深刻的切身实践,广大员工的积极参与是精益管理取得实效的重要因素。

(3)找准精益化切入点。实施精益管理是一个渐进的过程,以消除工作流程中的浪费为例,首先需要系统地梳理管理中存在的问题,识别各种浪费;其次要围绕资源浪费、管理不畅的流程节点进行系统地分析,制定整改措施;最后要明确责任人,确定阶段性工作目标、落实整改。

(4)不断改善。消除浪费、不断改善是精益管理的核心思想。

(5)企业要精益化与标准化并重。企业在推行精益管理过程中,要重视标准化工作,使二者互相促进,以提高管理体系运转效能。

5. 供电企业精益管理

2008年,国家电网有限公司提出:着力推进集团化运作、集约化发展、精益管理、标准化建设。这充分表明了国家电网有限公司在建设"一强三优"现代公司上的全新思路和高瞻远瞩的战略决策,也指明了电网企业科学发展的方向和最终选择。

精益管理的核心理念是"杜绝一切耗费了资源而不创造价值的活动,以最优的企业运行成本和生产成本创造最佳效益"。这里的效益不只是经济效益,更包括社会效益;不只是眼前利益,更包括长远利益。推行精益管理对于供电企业来说,具有更加重要的意义,它为供电企业全面履行社会责任,更好地服务广大用户,实现国有资产的增值提供了基础和保障。在国家电网有限公司实施"四化"建设的今天,供电企业要想实现科学发展就一定要提高管理水平,提升精益化程度,在观念上、体制上、人力资源分配上都要有所改变。

1)转变思想观念是供电企业精益管理的基础

推行精益管理能否收到理想效果,取决于广大干部、员工思想解放和观念转变的程度,其中领导干部的思想观念到不到位是直接决定企业能否实现精益管理的关键因素。

要采取各种有效的方式,引导干部、员工转变思想观念,深刻理解推行精益管理的重要性、必要性、迫切性。要让员工充分认识到,推行精益管理涉及企业方方面面的工作,包含企业所有的流程和专业,每一个岗位和战线在企业精益管理中都占据一定的位置。近年来,供电企业一直努力倡导开放式的工作理念,加大奖惩力度,充分鼓励主动思维和改革创新,在一定程度上提高了干部员工正确应对改革的思想观念,增强了新形势下做好各项工作的信心和能力,企业管理水平和各项工作均取得了大跨步的进展。

2)制定长远发展规划是供电企业精益管理的前提

明确发展方向,研究和制定企业发展战略,是为了让广大员工对企业的现状,尤其是对企业未来的发展方向和发展目标有明确的认识,更加坚定对企业发展的信心。

在对内外部环境进行认真分析的基础上,滚动编制三年发展规划,在企业发展规划中明确精益管理的重要意义和不可动摇性;较好地统一员工对企业发展方向、目标任务等重要问题的认识,解决"为什么""做什么""怎样做"的问题;指导各单位制定相应的子规划和实施计划,对企业发展规划进行任务分解,确保战略规划层层落实;通过统一制定并实施战略规划,有效统一企业上下的思想和行动,做到上下目标一致、行动统一。

3)实行标准化建设是供电企业精益管理的重要手段

精益管理强调的是规范管理、程序管理,也就是科学管理。要做到这一点,离不开标准化管理。只有各项规章制度和管理标准统一了,企业才有可能实现精益管理。

本着"制度管人、流程管事、文化治企"的管理思路,从电网建设入手,不断深化各项业务的标准化建设,建立健全各项管理标准,实施用人机制、收入分配机制等管理机制的改革,重新搭建新的营销体系,以标准化建设为切入点,真正建立起操作有标准、执行有规范、管理有成效的管理体系,使精益管理的实质,即效率与效益成为企业管理的核心与本质。

4）全面整合资源是供电企业精益管理的必要途径

传统的电网企业人力、财务、物资等资源分散,特别是人、财、物等重要资源管理粗放,利用效率不高是客观事实,加大资源整合力度,对重要资源进行统一配置和管理是当前国家电网有限公司的中心工作,也是供电企业必须坚定不移贯彻执行的政治任务。

通过加强人力资源管理,优化人力资源结构,大力推行全员教育培训和全员绩效考核,对人力资源进行统一配置,解决激励和约束机制不健全等突出问题。通过加强预算管理,严格控制成本支出;开展资产清查和专项检查,提高资金利用率。开展科技创新和专业技术带头人活动,完善科技奖励办法,集中资金和力量开展科技攻关。加快信息化工程建设,在推进 ERP 项目的同时,积极做好系统的维护运行管理和人员培训工作,促进 ERP系统早日达到实用化标准,实现数据的集成共享,为实现人、财、物集约化管理奠定坚实基础。

实行精益管理不仅可以提高供电企业整体管控能力,达到政令畅通、协调有力,而且可以使企业资源得到有效利用,降低企业经营风险,提高企业核心竞争能力。

6. 供电电压精益管理

大型供电企业与传统的生产制造型企业存在很大的不同,供电企业中各个业务环节和专业方向往往具有非常强的专业性。所以,通常情况下,供电企业的精益管理可以分解为在总体精益管控体系下的精益管理程序。

对于供电电压管理,供电企业也需要遵照精益管理的思想和原则,从专业实际特点出发,在保障供电电压管理工作高效性的同时,还要保证契合企业整体的精益化管控需求,利用企业总体的精益化管控体系保障供电电压精益管理工作的有效推进。同时,供电电压精益管理工作作为供电企业总体精益化管控体系的有机组成部分,也可促进供电企业中精益管理工作的迭代和完善。

1.2.2　精益成本管理

现代经济的发展和世界范围内的企业竞争,赋予成本管理全新的含义,成本管理的目标不再由利润最大化这一短期性的直接动因决定,而是定位在更具广度和深度的战略层面。从广度上看,已从企业内部的成本管理,发展到供应链成本管理;从深度上看,已从传统的成本管理,发展到精益成本管理。

现代企业面对瞬息万变的市场环境,既要求得生存,更要求得长期成长和发展。因此,成本管理目标必须定位在用户满意这一基点上,立足于为用户创造价值的目标观,已远远超越了传统的以利润或资产等价值量为唯一准绳的目标观,它服务于确立企业竞争优势,形成长期有效的经营能力。现代企业的竞争,不仅仅是产品或服务的竞争,已扩展到企业的整个供应链之间的较量。

精益成本管理思想的精髓就在于追求最小成本,在供应链的各个环节中不断地消除不为用户增值的作业,杜绝浪费,从而达到降低成本、提高供应链效率的目的,最大限度地满足用户特殊化、多样化的需求,使企业的竞争力不断增强。

1. 精益成本管理的内涵

精益成本管理是以用户价值增值为导向,融合精益采购、精益设计、精益生产、精益物流和精益服务技术,将精益管理思想与成本管理思想相结合,形成的全新的成本管理理念。精益成本管理从采购、设计、生产和服务上全方位控制企业成本,以达到企业成本最优,从而使企业获得较强的竞争优势。

精益成本管理思想十分丰富,管理方法很多,形成了相互联系、相互作用的方法体系。如果孤立地看每一个思想、每一种方法,则不能准确地把握精益成本管理的精髓。精益成本管理的每一个管理思想、每一种管理方法都不是孤立的,而是互相联系的,一种方法支持另一种方法,方法又保证思想的实现,只有把供应链的精益管理思想与方法有机地组合起来,构成一个完整的精益成本管理系统,才能发挥每种方法的功能,才能达到系统的最终目标——质量是好的、成本是低的、品种是多的、时间是短的。精益成本管理不断追求增加企业的竞争力,这是系统的最高层次目标。

精益生产的宗旨是在企业整个供应链环节"杜绝一切浪费";作业成本管理以作业动因为切入点,作为整个精益成本管理的基石;敏捷制造的目标是"速度"和"满意度",以达到综合性竞争能力;ERP系统实现了整个供应链信息系统的集成性、准确性和实时性,同时梳理了业务运作流程。精益成本管理以供应链为整个成本管理的连接纽带,以ERP系统汇集供应链各方的信息,从而达到精益成本管理目标。

2. 精益成本管理的内容

由于精益成本管理的主要对象为成本的各个方面,依据成本的划分,精益成本管理具体来说应包含以下内容。

1)精益采购成本管理

国外学者研究认为,采购费用占销售收入的40%~60%,采购成本在企业成本中占有很大的比重,所以降低采购成本成为降低成本的关键点之一。

精益采购成本管理以采购为切入点,通过规范企业的采购行为,实施科学决策和有效控制,以质量、价格、技术和服务为依据,在需要的时候,按需要的数量采购需要的物资,杜绝采购中的高价格和一切浪费。

精益采购成本管理依托于精益采购,精益采购要求建立健全企业采购体系,使采购工作规范化、制度化,建立决策透明机制,实行必要的招标采购,使隐蔽的信息公开化,防止暗箱操作,在保证质量的前提下,使采购价格降到最低;以公正、公开的原则,来选择供应商;采用定向采购的方式,即对每一种所需的物料,按质量、技术、服务和价格等方面的竞争能力,来选择供应商,并与之建立长期、互惠互利的战略伙伴关系,实现供应渠道的稳定和低成本;通过与供应商签订在需要的时候提供需要的数量、需要的品种的物料协议,实施适时采购,从而缩短提前期、减少物料库存。精益采购使采购的每一环节、每一过程的成本实现了精益化控制的目标,精益成本管理思想得到了充分体现。

2）精益设计成本管理

精益成本管理的重点应放在产品开发阶段，并将其看作企业竞争成败的关键。国外资料表明，从成本起因上看，80% 的产品是在产品设计阶段形成的，因此成本规划工作要贯穿产品开发的全过程，大体上要遵循以下原则。

（1）确定新产品开发任务的同时，规定新产品开发成本。目标成本是按照市场预测的销售价格和企业中长期计划目标利润应用售价减法公式来确定的。

（2）目标成本按照产品结构分解落实到产品的总成本和各个零件上。

（3）产品开发的每个阶段对目标成本实际达到的水平进行预测和对比分析。

（4）根据对比分析中发现的问题，通过价值工程和价值分析方法，研究和采用降低成本措施，保证不突破目标成本。

在产品设计任务书中，新产品目标成本与主要性能指标、质量指标一样，对指导产品开发工作具有刚性指令作用。当开发出来的新产品达不到目标成本而又无法改进时，它就会像一把锁一样把开发出来的新产品锁住。做好新产品目标成本控制工作，产品开发人员的业务素质至关重要，他们既要精通产品设计开发技术，又要掌握必要的成本业务知识；而成本控制人员应当是既懂技术经济分析，又懂产品设计制造的复合型人才。

3）精益生产成本管理

成本改善是在生产制造领域进行的降低成本的活动，也是通过彻底排除生产制造过程中的各种浪费以降低成本的活动。精益生产成本的改善有下列几种方法。

（1）改善制造技术。制造产品有两种技术：一种是生产技术，又称固有技术；另一种是能够熟练地掌握和使用现有设备、人员、材料和零件的技术，又称管理技术。精益成本管理方式之所以能够超越传统成本管理方式，在很大程度上依赖于管理技术的成功运用。

（2）开展价值工程和价值分析，把技术和经济结合起来考虑，在确保必要功能的前提下，求得最低成本。

（3）依赖精益生产，消除一切浪费，实现精益生产成本管理。精益生产方式的成功实现需要全体员工的积极支持。团队活动和全体员工自觉化是精益生产方式很重要的特征。精益生产是一项革命性的变革，它不仅要求生产技术自动化、生产管理现代化，而且要求员工的现代化，要求全体员工发扬团队精神和实行自觉化，没有全体员工自觉化，精益生产是不可能实现的。其对员工的素质有下列要求：思想观念新，树立适应精益生产方式的市场观念、集体生产观念、精益思想和主人翁意识，能自觉地进行自主管理；业务技术精，员工一专多能，能一人多工位操作，并有能力参与管理和技术工作；团队协作好，员工发挥团队精神，依靠集体智慧去解决生产中的难题；精益精神强，员工把精益思想付诸于行动，消除一切无效劳动和浪费，不断改进和完善。

（4）采用作业成本管理。作业成本管理是一种以作业为基础的成本管理方法，它将管理重心放在作业上，并以提高用户价值为目标。作业成本管理是 20 世纪 80 年代后期使美国企业获得再生的管理方法。在作业成本管理模式下，通过作业对资源的消耗过程、产品对作业和资源的消耗过程的成本动因分析，判别作业和产品对资源的耗费效率，识别有效作业和无效作业、增值作业和非增值作业,从而消除无效的或不增值的作业,使成本控制从产品级精细到作业级,在一定意义上真正体现精益成本管理思想。

4)精益物流成本管理

物流成本在企业成本中占有较大的比重,在制造业或零售业中更为突出。物流成本主要包括运输成本、存货成本、仓储成本和管理费用等。在保证用户价值需求的情况下,追求物流成本最小是精益物流成本管理的根本目标。

精益物流成本管理可以通过精益物流加以实现。精益物流要求以用户需求为中心,从用户的立场来确定什么创造价值,什么不创造价值;对供应链中的采购、产品设计、制造和分销等每一个环节进行分析,找出不能提供增值的浪费所在;根据不间断、不迂回、不倒流、不等待和不出废品的原则,制定创造价值流的行动方案。及时创造仅由用户驱动的价值,一旦发现有造成浪费的环节就及时消除,努力追求完美。

精益物流成本管理融合在精益物流之中,实现了物流的准时、准确、快速、高效、低耗,同时达成了物流成本管理的精益化。

5)精益服务成本管理

精益服务成本是指在满足用户一定价值需求情况下的最小服务成本。服务成本是企业的支出,旨在通过服务增加用户价值,从而在价格相同的情况下,吸引更多的用户。服务成本与消费者购买成正比,企业支出的服务成本越大,为用户提供的各种服务项目就越多,方便和满足用户的程度就越大。为了增强竞争力,现代企业越来越重视对用户的服务,服务成本已成为企业成本的重要组成部分。

虽然服务成本的增加可以增加用户价值,提高用户满意度,促进产品销量,但并不意味着越大越好。服务成本的增加使企业的总成本增加,过高的服务水平会超出用户预期的满意水平,从而造成资源的浪费,这不符合成本效益的原则。精益服务成本管理就是要将服务成本控制在一定的用户价值需求基础上,保证用户满意的服务成本最小值。精益服务成本管理的思想体现在既满足用户需求,又不造成任何服务成本的浪费。

精益成本管理是在对企业成本分析的基础上,以用户价值增加为导向,实现整个成本最小化的成本管理新理念,它突破了传统的以利润为导向的成本管理模式,为成本管理开创了崭新的思维空间。

3. 精益成本管理要素分析

1)成本规划

成本规划是指在产品开发过程中进行的降低成本活动,也称为新产品目标成本控制。精益生产之所以把成本控制的重点首先放在产品开发阶段,并把它看成决定企业竞争成败的关键,具体原因如下。

(1)产品成本的 80% 是在产品开发设计阶段决定的。在成本的结构上,开发费用只占整个产品成本的 5%;在成本控制的效果上,开发阶段占 70%,其他阶段只占 30%。

(2)传统成本管理工作把重点放在了产品制造过程中的各种消耗和费用控制上,新产品目标成本却几乎无人问津。

（3）企业内部组织层次多、分工细，造成设计部门只管设计、不过问成本，设计人员往往只注重产品的性能指标，不关心成本多少、售价高低，认为这是计划、财务和销售部门的事，从而造成产品投产后不久就要进行设计改进，致使企业为了兼顾产品性能和经济性进行第二次生产准备，不仅给组织生产带来了困难，也给企业造成了新的浪费。

因此，精益成本管理提倡使用好成本中 5% 的开发费用，控制住 80% 的成本，确保产品设计的经济合理性和先进性。

2）成本抑减

企业成本抑减是企业运用计划或预算和行之有效的处理方法，从消除浪费、挖掘潜力、增加生产能力、提高工作效率、以有效支出代替无效支出等方面进行考察和评价，达到提高生产效率、降低生产成本目的的一种成本管理方法。企业成本抑减的目的是减少损失、消除浪费，运用建设性方法，在指定范围内通过不断地改进成本费用支出标准来降低成本。企业成本抑减的范围遍及企业各项策划、作业管理、服务管理等各层次、各方面的工作，为企业的长期持续盈利提供保障。精益成本管理以长期成本削减为目标，通过与技术、人力资源和管理策略的融合，为企业提供一条长期削减成本的途径。

3）成本改善

精益成本管理对传统成本管理中的计划、控制、核算和分析四个过程做了改进，把低于实际水平的成本降低活动称为成本改善。成本改善通过彻底排除生产制造过程中的各种浪费达到降低成本的目的。生产过程中存在各种各样的浪费，可以分为四个等级：一级浪费，指存在过剩的生产要素，如过多的人、设备和库存，造成过多的工资、折旧和利息支出；二级浪费，指制造过多或过于提前（精益生产不提倡超额完成任务，而强调适时适量）；三级浪费，指在制品过多；四级浪费，指多余的搬运、多余的仓库管理，多余的质量维持等。从这四个等级来看，每一级都比下一级更加综合、更加重要，控制住二级浪费，就可以减少三级、四级浪费。

4）减少浪费

Ⅰ.浪费的种类

通常，企业中的浪费行为体现在以下几个方面。

（1）等待的浪费，主要因素表现为作业不平衡、安排作业不当、停工待料、品质不良等。

（2）搬运的浪费，主要因素表现为车间布置采用批量生产，以工作站为区别的集中的水平式布置（也就是分工艺流程批量生产），无流线生产的观念。

（3）不良品的浪费，主要因素表现为工序生产无标准确认或有标准确认未对照标准作业，管理不严格、松懈。

（4）行为的浪费，主要因素表现为生产场地不规划，生产模式设计不周全，生产行为不规范统一。

（5）加工的浪费，主要因素表现为制造过程中作业加工程序行为不优化，可省略、替代、重组或合并的未及时检查。

（6）库存的浪费，主要因素表现为管理者为了自身的工作方便或本区域生产量化控制一次性批量下单生产，不结合主生产计划需求流线生产而导致局部大批量库存。

（7）制造过多（早）的浪费，主要因素表现为管理者认为制造过多与过早能够提高效率或减少产能的损失和平衡车间生产力。

Ⅱ．减少浪费的措施

（1）造成等待的浪费的原因通常为作业不平衡、安排作业不当、停工待料、品质不良等。减少等待的浪费的根本方法是提前进行有效的生产规划，把握每一个环节的完成质量和完成时间，减少等待发生的频次和等待时间。

（2）造成搬运的浪费的原因通常为对生产流程、生产布局的不合理安排而导致时间、人员和物资的浪费。搬运的浪费若分解开来，又包含放置、堆积、移动、整理等行为的浪费。减少搬运的浪费的根本方法是制定合理的生产流程，合理布局生产空间。

（3）造成不良品的浪费的原因很多，减少不良品的浪费的根本方法是及早发现不良品，并确定不良品的来源，从而减少不良品的产生。

（4）造成行为和加工的浪费的原因是生产过程中存在不必要的行为和加工环节。避免行为和加工的浪费，需要从全局的角度统筹规划考虑，通过制定标准化的作业指导书等，减少不必要的行为和加工环节。

（5）精益生产方式认为"库存是万恶之源"。这是丰田对浪费的见解与传统见解的最大不同，也是丰田能带给企业很大利益的原动力。减少库存浪费同样需要从全局的角度统筹规划考虑，合理安排生产计划，统筹生产环节的全供应链行为，在保证生产时效性的前提下，尽可能降低库存。

（6）精益生产方式所强调的是"适时生产"，也就是在必要的时候，生产出必要数量的必要产品，此外都属于浪费。减少制造过多（早）浪费的根本方法是做好生产计划，适时生产、适度生产。

4. 精益管理的基本方法

现场管理千头万绪，但基本管理目标只有六个：Q（质量）、C（成本）、D（交货期）、P（生产效率）、S（安全）、M（士气）。如何通过有效管理人、机、料、法、环五种要素来实现以上六方面的目标呢？通过现场精益管理 5S、可视化两个利器重点改善现场的基本环境，为现场精益管理奠定基础；TPM、防错法、风险预知训练（KYT）三个利器都是从预防的角度实现机器设备"零故障"、产品质量"零缺陷"、人员安全"零事故"等；行为经济原则是从改善行为细节的角度提升作业效率和改善交货期；OEC 管理法（全方位优化管理法）是加强现场管控、实现 PDCA 循环的成功方法；精益生产则通过消除现场七大浪费，在生产制造方面进行精益管理。这八大利器基本涵盖了现场精益管理的所有方面。

1.3 成本管理理论概述

1.3.1 成本管理概念

1. 成本的概念

成本,一般的理解就是生产产品所发生的费用,包括生产过程中所消耗的生产资料和付给劳动者的报酬。会计学中的成本概念有广义和狭义之分。我国目前所使用的会计准则中将狭义的成本定义为基于特定目的、有明确承担对象的耗费。这一概念强调了成本与成本计算对象之间的对应关系。

狭义费用,指企业在日常活动中发生的、会导致所有者权益减少、与所有者分配利润无关的经济利益的总流出。广义的成本既包括狭义的成本,也涵盖狭义费用。本书所提到的成本是指广义的成本。

2. 成本管理的概念

成本管理是以企业在经营、投资、筹资等业务活动过程中的各项消耗为对象,以优化成本效益为目标,而开展的一系列活动。成本管理不仅与企业内在活动状态密不可分,也与外部环境因素高度相关。成本管理是公司全员、全过程、全环节和全方位的管理,是商品使用价值与经济价值结合的管理,是经济与技术结合的管理。

3. 成本管理的对象

在现代成本管理理论中,凡是与企业生产经营过程相关的资金耗费都是成本管理的对象,具体可从时间和空间上进行分析。

从空间角度来说,成本管理的对象既包括企业本身价值链上的资金耗费,也包括同行业中其他企业的价值链,如竞争对手企业、上游供应商企业、下游用户企业,还包括行业整体的价值链资金耗费。从时间角度来说,成本管理的对象既包括财务会计核算的历史成本数据,也包括企业现在的成本核算与控制,还包括对未来成本的规划等。当然,每个企业的规模、生产经营等各方面条件不同,成本管理的具体对象及侧重点也不尽相同,所以要具体企业具体分析。例如,对小型企业而言,可能并不需要成本管理的完整体系;而对充分竞争市场中的大型企业而言,成本管理对象往往要突破企业自身的界限,必须关注企业竞争对手与潜在的所有利益相关者,只要是与企业经营过程相关的资金都属于成本管理的范畴。

4. 成本管理的目标

根据成本管理目标的不同层面,可将其分为总体目标与具体目标。

1)总体目标

企业根据生产经营的总目标确定其成本管理的总体目标,为企业内外部的利益相关者提供所需的各种成本信息,并通过各种方式控制成本水平,或使其成本增长速度低于收入增长速度,从而提高企业的经济效益,巩固并提升其在同行业中的地位。

成本管理总目标应符合企业战略目标,如企业在成本领先战略下进行成本管理,则企业应注重绝对降低成本;如企业在差异化战略下进行成本管理,则应首先考虑如何保证其差异性,再在此基础上降低成本。

2)具体目标

成本管理由两个环节组成,一个是成本会计,另一个是成本控制。

根据成本管理的环节将其具体目标分为两部分,一是成本核算目标,二是成本控制目标。成本核算的最终目标是为企业的所有利益相关者提供成本信息。具体而言,通过成本核算,使债权人或投资者透过企业的成本水平了解企业的盈亏水平;对企业的内部管理者来说,成本核算的目标是优化管理,通过成本核算提供的成本信息可以为评价管理人员提供依据,通过成本差异分析可以找出企业生产经营存在的问题,并有利于准确捕捉提高经营管理水平的关键信息,因此有"当企业的其他人不知道该如何管理时,公司财务知道"这样的说法。成本控制最终是为了降低成本水平,可以通过减少浪费、提高工作效率、提高成本效益比等方式实现。

5. 成本管理的内容

成本管理的内容包括下以七个方面。

(1)成本预测,指根据相关的历史成本数据,运用专门方法与技术工具,科学估计未来的成本水平及其发展趋势。

(2)成本决策,即在成本预测的基础上做出成本最优决策。

(3)成本计划,根据所确定的成本目标,具体制定各种产品的成本水平。

(4)成本控制,指根据所制定的成本水平,制定各种成本的限额,对超出部分要进行认真分析审查,以消除生产中的不必要损失。

(5)成本核算,指对企业所发生的成本按照一定的标准进行记录,并且按照一定的分配基准分配后进行对应的账务处理。

(6)成本分析,即利用以上成本管理内容所提供的信息,分析成本相关事项的科学性及执行情况,并对其原因进行深入分析。

(7)成本考核,指根据成本分析的结果,对(1)(5)项内容的执行情况进行考核与评价。

1.3.2　成本管理方法

1. 战略成本管理

战略成本管理是指站在公司全局的战略高度对企业的成本管理进行分析,通过分析自身及竞争对手的情况得出客观评价,从而改进企业发展战略,并将成本管理贯穿于战略管理的各个方面,关注成本管理的战略环境、规划、实施及其业绩,在企业的战略环境下进行成本信息的收集、分析工作,从战略高度对企业成本结构、行为进行全面的了解、控制及改进。

现代的战略成本管理模式具有以下特点。

（1）周期长。在进行战略成本管理时,企业要考虑的周期通常超过一个会计年度,以未来五年或十年作为战略的周期是很常见的事,有的十分重大的战略规划甚至要对未来十年以上的社会经济、行业及企业自身的发展趋势做全面分析。

（2）全面性。传统的成本管理往往更注重对企业内部状况的分析,但对外部环境估计不足;而战略成本管理不仅综合考虑企业本身的成本管理情况,同时也注重对社会经济发展趋势的分析、对行业前景的分析、对现有竞争对手的分析、对潜在竞争对手的分析、对供应商的分析、对用户的分析等,这种全面的分析有利于保证企业制定的成本战略更符合市场需要,并保证其有效实施。

（3）竞争性强。战略成本管理要求企业进行长期的战略规划,通过对企业未来几年或十几年甚至几十年各方面的发展趋势进行全面合理的分析,使企业的成本管理工作稳步进行、生产经营活动有序开展,以增强企业的竞争力。此外,战略成本管理很注重对竞争对手的分析,通过分析竞争对手的价值链,了解竞争对手在成本管理工作上的优势和劣势,从而学习其成本管理的先进经验,并且避免竞争对手在成本管理上的不足,以此提高企业的竞争力。

战略成本管理需要基于大量的基础分析工作,包括但不仅限于以下方面。

（1）战略定位分析,主要是指在分析企业所处的竞争环境后得出相应的战略措施和管理趋势。企业的竞争战略主要分为三大类:一是产品差异化战略;二是集中化战略;三是成本领先战略。

①产品差异化战略,指在进行战略规划与执行时突出企业产品的独特性,做到人无我有、人有我优,这种独特性可以是设计上的、生产技术上的、产品功能上的、服务上的,只要是有助于企业形成竞争优势的独特性都可以纳入差异化战略的范畴。

②集中化战略,指企业生产的产品只服务于某一特定的用户群,或者某一细分市场,针对这部分用户或者这一细分市场的需求,企业进行产品设计、生产等经营活动,从而获得在这一领域的领先地位,提高市场竞争力。

③成本领先战略,指企业在制定战略时,致力于通过不断降低成本以取得成本优势,从而战胜竞争对手。采用成本领先战略的企业,其产品往往可替代性强,单位价值量低,如日化产品。

在成本领先战略下进行的成本管理,要求绝对降低成本水平,而前两种战略下的成本管理则要求在满足其差异化、集中化的前提下,对产品进行整个生命周期的成本管理。如果企业的竞争环境发生了变化,企业应据此调整战略行动,巩固竞争地位。

（2）价值链分析。作业链指的是从开始原始材料的加工到最后成为销售商品所经历的一连串的流程作业。这个过程不仅是一个复杂的产品生产过程,还是一个产品的增值过程,这也就是通常所说的价值链。价值链分析主要分为三个环节:一是行业价值链分析;二是企业价值链分析;三是竞争对手价值链分析。

①行业价值链分析,主要有供应商价值链分析和用户价值链分析。通过对行业价值链的分析,可以了解本企业在行业中的地位及其上下游的利润情况,从而掌握行业中与企业成

功有关的关键因素与风险。

②企业价值链分析,有助于企业从自身的角度出发了解企业价值链,比较和分析战略优势与劣势。当企业价值链中的成本比竞争对手的成本低时,企业就有了自身的成本优势。

③竞争对手价值链分析,如果竞争对手在企业价值链上和行业价值链上的成本相当,则可以分析竞争对手价值链的合理性、科学性,分析自身的不足,在成本战略上做文章,突出成本优势。通过竞争对手价值链分析,企业可以了解竞争对手在行业中所处的位置,分析其成本水平、利润水平及风险水平,制定出有竞争力的市场竞争战略,同时结合企业价值链分析的结果,扬长避短,提高企业本身的生产经营水平。

(3)成本动因分析,企业通过对价值链以及战略定位的研究,采用相对应的成本管理战略,并进一步明确成本管理的重点,同时还要得出成本的影响因素,根据影响因素得出相应的解决方案,保证企业的成本管理战略得到有效执行。企业成本动因主要分为三种:结构性成本动因、作业性成本动因、执行性成本动因。其中,只有结构性成本动因和执行性成本动因属于战略成本动因的范畴。结构性成本动因是指企业通过合理安排基础经济结构来影响企业的成本,这就需要企业站在成本管理战略的角度来确定企业的经营范围、技术手段、经营规模等,使企业的竞争优势逐渐形成。执行性成本动因分析同样需要企业站在成本管理战略的角度来规范企业流程,其中主要有生产力的利用、产品的包装、厂房的设计等,保证成本管理战略目标的实施效率。执行性成本动因是在结构性成本动因决定以后才形成的,在分析过程中应设法予以量化。

2. 目标成本管理

目标成本指企业对成本在未来一段时期内期望达到的目标。目标成本管理的核心就是目标成本,其含义是围绕企业目标成本,将其作为指导性的成本来看,在生产过程中渗透每个细节,以减少企业的成本,增加企业的经济效益。

目标成本管理就其本质来说,主要分为目标成本确定、分解、控制、分析评价四个阶段。

(1)目标成本确定阶段。根据历史成本数据、对未来企业发展趋势的合理科学估计以及企业所要达到的利润水平等各种因素,确定企业整体的目标成本。这个阶段是企业在该体系下进行成本管理的开始,也是成功与否的关键。所以在进行目标成本确定时,所用方法必须科学,否则不能保证所制定的各种成本水平的合理性,而以此进行的实际成本与目标成本的对比分析也就没有意义了。

(2)目标成本分解阶段。在目标成本确定阶段所制定的成本目标的基础上,根据企业内部的组织结构对目标成本进行层层分解,将目标成本分解到各个部门,这其实就是企业目标成本的具体化,形成各部门的目标成本,根据企业实际情况的需要,还可以对目标成本进行进一步细分,分解至班组层次。

(3)目标成本控制阶段。根据各部门的成本目标,企业应综合分析成本形成的过程、对成本有不同程度影响的因素,在此基础上对这些过程与因素进行控制,将成本控制在预定的范围内,保证企业目标利润的实现。

（4）目标成本分析评价阶段。这其实也可以说是以上各环节的评价与反馈阶段,通过比较各部门、班组的实际成本与目标成本,对目标成本的执行情况进行总结与评价,哪个部门、班组的成本管理工作没有达到要求,就要受到相应的处罚;反之,就会得到相应的鼓励。

总体来说,目标成本管理首先是确定所要生产产品的目标成本的高低,其次把总成本分散到生产过程的每个环节以及每个产品当中,在生产过程中全面控制成本动态,最后将目标成本和实际成本进行比较,得到差异成本,并找出其产生的原因,且采取相应的成本改进措施。

目标成本管理方法所关注的范围不仅包括生产和销售环节,更将成本控制的范围延伸到了产品的研发、设计、试制等环节,实现了产品成本的全过程管理,有利于企业经营总目标的实现。此外,该方法将目标成本层层分解至系统的各个要素,使各部门、各员工都参与其中,并且按照所确定的目标成本进行成本控制与业绩考评。

目标成本管理也有其局限性,主要表现在以下三个方面。

（1）成本分配方法单一。目标成本主要以产品的总数或者企业部门为分配标准,从而计算出成本,但是它忽略了许多相同性质的费用配比,仅按照所定目标单位分配,切断了相互间的影响,使产品成本分配不均,这样就失去了计算成本的初衷。

（2）成本目标不能和具体的生产活动相联系。目标成本管理往往简单地将责任分配到个人,却没有细化到各个责任人的具体业务当中,不能准确地找出实际成本与目标成本的差异。

（3）忽略了许多流程的成本管理。目标成本只注重当前生产过程中的成本管理,但是对目标成本影响重要的几个环节都没有考虑,如售后、设计环节等都没有相应的改进措施。

3. 责任成本管理

责任成本管理是把企业中的部门分成不同的责任中心,使其承担成本任务,同时根据权责关系来评价工作成绩的一种管理方式。企业的责任中心一般可分为成本中心、利润中心以及投资中心三类。

每一个责任中心所对应的决策力及业绩评价指标都不尽相同。成本中心是指有权发生并控制成本的单位,一般不产生收入,只计量考核发生的成本,并且只对其可控成本负责。利润中心是指既能控制成本,又能控制收入和利润的责任单位。投资中心是指既对成本、收入和利润负责,又对投资及其投资收益负责的责任单位,其本质上也是一种利润中心,但它拥有最大限度的经济责任,属于企业最高层次的责任中心,如事业部、子公司等。责任成本管理体现了分权管理的思想,将成本管理的责任落实到具体的部门、单位及工作人员。

根据责任成本管理的思想,可以将成本分为可控成本与不可控成本。对于某一责任中心而言,可以影响控制的成本称为该责任中心的可控成本。但是这种可控成本与不可控成本的划分不是绝对的,而是相对的,对某一责任中心为不可控成本,对另一责任中心可能为可控成本,层次越高的责任中心,其可控成本范围越广,到战略管理层次时,则企业的大部分成本都是可控成本。同时,这种划分还受到国家政策的影响,在某一时期的政策下为不可控成本,在另一时期的政策下可能成为可控成本。

责任成本以责任成本中心为对象进行归集、控制、核算及考核,责任成本中心可以根据责任成本的内容、性质预估责任成本的耗费水平并制定标准,以该中心的可控成本为范围进行控制,对发生的成本可以按责任归属追溯到相关责任部门。

4. 全面预算管理

全面预算管理是西方发达国家企业多年来所积累的成功的经营管理经验之一。在我国,随着 2000 年 9 月中华人民共和国国家经济贸易委员会在《国有大中型企业建立现代企业制度和加强企业管理的基本规范(试行)》中明确提出"推行全面预算管理",以及 2002 年 4 月中华人民共和国财政部(以下简称"财政部")发布的《关于企业实行财务预算管理的指导意见》进一步提出"企业应实行包括财务预算在内的全面预算管理",标志着全面预算管理这一科学理念已在我国得到广泛认同,并进入规范和实施阶段。

所谓全面预算管理,是将企业的长期发展战略目标进行细化和量化,层层分解、下达到企业内部的各个经济单位,通过预算的编制、执行、控制、调整、考核及监督,建立一套完整而科学的管理控制系统及成本中心、利润中心和投资中心的绩效考核体系,使企业的整个生产经营活动沿着预算管理轨道科学合理地进行。简言之,全面预算管理是采用价值的形式对企业未来的全部生产经营及投资活动进行预测、决策、目标控制和实时监控的管理办法。全面预算管理的作用主要表现在明确工作目标、协调部门关系、控制日常活动、考核业绩标准四个方面。

全面预算管理包括预算的编制、预算的控制以及预算的差异分析三部分。建立全面预算管理体系,使管理转变为事前的目标控制、事中的过程控制与事后的考核分析相结合的动态管理。预算的编制是通过系统地分析企业内部各个部门、各个环节的相互协调关系,以及外部竞争环境的变化,通过事前的管理,妥善确定并分解落实企业的利润目标。预算的控制则是通过动态地分析在生产经营过程中各种情况变化,及时调整控制偏差,通过事中的管理,保证企业利润目标的实现。预算的差异分析是综合分析评价控制结果及效益状况,通过事后的管理完善并优化企业利润目标。全面预算管理的三个部分一环扣一环,缺一不可。

预算的编制是预算管理的前提,而预算的控制和差异分析是预算实现的保证。一般来说,企业预算的编制流程可以分为自上而下式、自下而上式和上下结合式三种。在自上而下式的编制程序中,预算由总部按照预算管理的需要和经营考核指标的要求,结合公司所处行业的市场环境提出,预算应全面而详细。各分部或子公司只是预算执行主体,一切权力在总部。这种模式与集权制的管理思想与风格一脉相承,它适用于集权制企业。在自下而上式的编制程序中,管理总部把预算管理作为各子公司落实经营责任的管理手段,并认为预算管理的主动性来自各子公司,总部只对预算具有最终审批权。总部的管理责任是确定财务目标,子公司的管理责任是如何实现这一目标。它更多地适用于分权制企业。科学、合理的预算编制程序应采取上下结合式,一方面通过上下结合达到预算意识的沟通和总部预算目标的完全执行;另一方面通过上下结合避免单纯自上而下和自下而上方式的种种不足。上下结合、横向协调的编制程序体现出集权与分权的统一。在上下结合式的编制程序中,预算目标应自上而下传达,以保证最高决策层战略思想的贯彻和预算目标的执行,而预算的编制则应根据预算目标自下而上进行,以充分发挥各层级的主观能动性,提高预算编制效率。

5. 全面成本管理

全面是全面成本管理的主要特征,几乎覆盖了企业经营管理的全部过程。对这些过程的预测、分析及管理,能全面地展示出产品的优势,在保证质量的前提下,维护产品在市场上的成本优势,加快占领市场的脚步,在市场竞争中获得一席之地,从而实现企业的发展目标。全面成本管理根据过程分析可以分为四个阶段:对产品进行设计并研发,根据前期的方案生产产品,对产成品验收合格后统一入库,对库存商品开展销售活动。

6. 全寿命周期费用管理

20 世纪 60 年代末,美国军方提出了武器系统全寿命周期费用(Life Cycle Cost,LCC)的概念。在此之前,对武器系统费用的定义主要是单件产品的成本,即只考虑生产单件武器装备所需要的费用。随着武器性能的不断提高以及装备技术的日趋精密,不但武器系统的研制、生产成本日益增大,而且其使用与维护费用也空前上涨,单件武器的研制和生产成本(Unit Product Cost,UPC)已不足以说明武器系统总费用的高低,因此不能再简单地把武器系统的研制费用与采购、使用和维护费用分割开来考虑,所以要求军方在做出采购决策时必须进行综合比较,不仅要考虑是否买得起,更要考虑是否用得起。

对于 LCC,目前国际上尚没有一个统一的定义。美国预算局所下的定义是"LCC 是大型系统在预定有效期内发生的直接、间接、重复性、一次性及其他有关的费用,它是设计、开发、制造、使用、维护、保障等过程中发生的费用和预算中所列入的必然发生的费用的总和"。而美国国防部对其的定义是"系统的 LCC 是政府(军方)为了设置和获得系统以及系统一生所消耗的总费用,其中包括开发、设置、使用、后勤保障和报废等费用"。

$$LCC=CI+CO+CM+CF+CD \qquad (1-1)$$

式中: CI(Cost of Investment)表示投资成本,即一次或两次设备购买投入的成本; CO(Cost of Operation)表示运行成本; CM(Cost of Maintenance)表示养护成本; CF(Cost of Fault)表示维修成本; CD(Cost of Disposal)表示废置处理成本。

武器系统的全寿命周期费用往往是一个巨大的数字,如美国 1981 年的国防预算草案中,仅武器系统的使用保障费用就高达 492 亿美元。因此,近 20 多年来,各国的使用方、研制方、生产方都对武器系统的全寿命周期费用给予了极大关注。研究结论是在武器系统的研制过程中,应强调按照全寿命周期费用设计(LCC/Design to cost,简称按费用设计,即DTC),并实行全寿命周期费用管理。根据 DTC 的设计思想,费用指标是与性能指标同等重要的设计参数,应将二者综合权衡,不能满足费用指标的设计将被视为一个失败的设计。费用不再只是设计的结果,而应该是设计的依据。由于实行了 DTC,20 世纪 80 年代初,美国国防费用中武器系统使用与维护费用所占的比例开始逐年下降,到 1982 年已低于采购投资费用,重大武器系统的使用与维护费用年增长率也由 1972 年的平均 6% 下降到 1980 年的 3.9%,按费用设计对控制全寿命周期费用的有效性得到了证实,武器装备的费用效能比得到了大幅提高。

继在美国军方应用之后,LCC 管理在广泛应用的基础上走向成熟和国际化,许多国家政府和民间组织在设备管理中也着力推行 LCC 管理。1999 年 6 月,美国前总统克林顿发布命令,要求所有联邦机构在制定有关产品、服务、建造和其他项目的决策时,采用全寿命周期费用分析,其目的是减少政府费用以及减少能源和水资源消耗。英国的设备综合工程学会就明确提出以追求全寿命周期费用的经济性为目标,把 LCC 管理应用于燃气轮机的改进方案研究和海军舰船的建造中。法国运用 LCC 管理对汽车、货车等不同车辆的推进动力方案进行评价,以选择适合法国具体情况的最佳方案。瑞典将 LCC 管理应用于瑞典高速列车项目(X2000)和瑞典与丹麦之间的 Oresundfixcd 海上通道等项目,取得了良好的经济效益。1996 年 9 月,国际电工委员会(IEC)正式颁布了 IEC300-3-3《寿命周期费用评价》标准,并成为 ISO9000 质量管理和质量保障标准的重要组成内容。

LCC 管理于 20 世纪 90 年代初引入我国,目前已经进入大学管理科学研究和设备制造、大型基本建设项目等领域,在项目开发和使用过程中被视为谋求系统整体最优的有效工具。

我国电网企业具备实施 LCC 管理的广阔前景和现实需求。经济社会的快速发展,需要一个坚强的电网做支撑。

一方面,在进一步加大电网投入的同时,亟需考虑与后续支出的衔接问题。LCC 管理的推行,势必推动电网企业走集约化发展的道路,促使企业员工在数据统计、资料分析等方面形成制度化,改变过去的凭经验办事、跟着感觉走的落后工作方式,实现从定性管理到定量管理的深刻转变,从而有助于提高电网企业的科学管理水平,培养员工的良好职业习惯,其最终效益将是显著的。

另一方面,电网企业具备实施 LCC 管理的良好基础。首先,作为资金、技术密集型企业,电网企业的主要设备具有初始投资大、运行成本高、服役时间长的特点,十分适合开展 LCC 管理;其次,电力产品不可储存、必须实时平衡的特性,造就了电网企业客观谨慎、严守纪律的企业文化,有利于 LCC 管理的推行;最后,国内外电力行业的一些优秀企业对此进行了一些有益的探索和实践,这些都为我国电网企业成功实施 LCC 管理提供了坚实的基础。

7. 标准成本管理

21 世纪,在全球面临能源危机的情况下,探索先进的成本控制管理模式是企业适应外部市场、谋求自身不断发展的迫切需求,而标准成本管理就是一种切实可行的先进成本管理模式。

标准成本管理在西方工业企业中一直得到广泛的应用,据不完全统计,在会计系统中使用标准成本的比例,美国为 86%,爱尔兰为 85%,英国为 76%,瑞典为 73%,日本为 65%。而在我国企业实务中,标准成本管理也处于广泛、深入的开展之中。

1）标准成本管理及其作用

所谓标准成本管理,是一种将成本计算和成本控制相结合的成本管理系统,包括制定标准成本、计算和分析成本差异、处理成本差异三个部分。它把成本的实际发生额区分为符合标准的成本和脱离目标的成本差异两部分,以成本差异为线索进行分析,能够掌握差异形成的具体原因和责任,并以此为依据采取相应措施,实现对成本的有效控制。因此,标准成本管理将事前成本的预算、事中日常的成本控制和事后最终产品成本的确定有机地结合起来。

标准成本管理系统作为成本管理会计系统的一部分,其作用主要表现在以下几个方面。

（1）为生产经营决策提供准确有用的成本数据。会计师们基于对真实成本的追求而提出的标准成本系统所提供的成本信息相对于其他传统的成本管理方法计算得出的成本信息要准确、及时得多。因此,标准成本管理更有利于企业进行正确的经营决策。

（2）有助于简化日常的账务处理工作和期终的报表编制工作。由于在标准成本中剔除了各种不合理的成本因素,以此为基础进行原材料、在产品、产成品、商品、周转材料等存货的计价,可以使之建立在健全的基础上。同时,在企业的日常生产经营活动中,每天的投入、产出的计算工作比较繁杂,若按实际成本进行结转,或者按存货的先进先出等办法处理,工作量是十分巨大的。而标准成本管理在提高会计工作效率方面可以起到很大的作用,从材料的购入开始,就采取标准成本入库,从而可大大简化日常的账务处理工作和期终的报表编制工作。

（3）为成本控制管理提供信息。标准成本管理系统作为成本控制的重要工具,为成本控制提供相关信息是它所起作用中最重要的一个。虽然实际成本法也可以为企业成本管理提供信息,但由于其成本计算相对滞后、对比标的不科学、差异高度集中以及事中成本控制等固有的局限性,使得其无法像标准成本管理一样按成本项目提供科学、及时的成本管理信息。

2）标准成本及其分类

标准成本是通过精确的调查、分析与技术测定而制定的,用来评价实际成本、衡量工作效率的一种预计成本。在标准成本中,基本上排除了不应该发生的"浪费",因此被认为是一种应该成本。一般来说,常见的标准成本主要包括以下三种。

（1）理想标准成本,指在最优的生产条件下,利用现有的规模和设备能够达到的最低成本。这是"工厂的极乐世界",它的主要用途是提供一个完美无缺的目标,提示企业成本下降的潜力。因其提出的要求太高,一般不能作为考核的依据,以免打击职工的积极性。

（2）正常标准成本,指在效率良好的条件下,根据下一期一般应该发生的生产要素消耗量、预计价格和预计生产经营能力利用程度制定出来的标准成本。正常标准成本从数值上看大于理想标准成本,但又低于历史平均水平,要达到它不是没有困难,但是可能达到,因而有利于调动职工的积极性,所以这种标准是实施成本控制的常用标准。

（3）基本标准成本,是标准一经制定,只要生产的基本条件无重大变化,就不予变动的一种标准成本。所谓生产的基本条件的重大变化,是指产品的物理结构变化、重要原材料和劳动力价格的重要变化,以及生产技术和工艺的根本变化等。由于其不按各期实际修订,不宜用来直接评价工作效率和成本控制的有效性。

3）标准成本的制定与差异分析

标准成本是由财务部门会同采购部门、行政管理部门、技术部门及具体生产经营部门等有关责任部门，在对企业生产经营的具体条件进行认真分析研究的基础上共同制定的。在制定过程中，应吸收负责执行标准的职工参与各项标准的制定。标准成本的基本形式是以数量标准乘以价格标准得到有关项目的标准成本，这样便于计算、分析实际成本与标准成本之间的差异及其产生的原因，并可借以明确责任。例如，材料数量差异一般应由生产部门负责，而材料价格差异则一般应由采购部门负责。同时，还便于根据实际情况对现有标准成本加以修订。

所谓成本差异，是指产品实际成本与标准成本之间的差额。如果实际成本小于标准成本，所形成的差异为有利差异，亦称顺差；如果实际成本大于标准成本，所形成的差异为不利差异，亦称逆差。成本差异对管理者而言，是一种重要信号，可据此发现问题，具体分析差异形成的原因及其责任，进而采取相应的措施，消除不利差异，发展有利差异，实现对成本的有效控制，促进成本的降低。由于实际成本的高低取决于实际用量和实际价格，标准成本的高低取决于标准用量和标准价格，所以其成本差异可以归结为价格脱离标准造成的价格差异与用量脱离标准造成的数量差异两类。

$$成本差异 = 实际成本 - 标准成本$$
$$= 实际数量 \times 实际价格 - 标准数量 \times 标准价格$$
$$= 实际数量 \times 实际价格 - 实际数量 \times 标准价格 +$$
$$实际数量 \times 标准价格 - 标准数量 \times 标准价格 \qquad （1-2）$$
$$= 实际数量 \times （实际价格 - 标准价格）+$$
$$（实际数量 - 标准数量）\times 标准价格$$
$$= 价格差异 + 数量差异$$

8. 目标成本管理

目标成本是企业预先确定的、在某一时期内要求实现的成本目标。而目标成本管理则是一种以目标成本为对象的管理，是企业实施目标成本控制的体系，借以达到降低成本耗费、提高资本增值效益的目的。

目标成本管理是根据事先确定的目标成本进行企业成本管理的一种有效方法，也是企业目标管理的重要组成部分。目标成本管理对提高企业成本管理水平、降低成本费用、提高资本增值效益、增加竞争能力都具有十分重要的作用。其整个管理过程是围绕目标的设置、分解、实施、分析和考核进行的，即通过合理设置成本目标及其目标分解，把企业的各部门、各环节，直至全体员工，连成一个有共同努力方向的指挥保障体系，以充分发挥各方面的主动性和积极性，全力以赴地去完成企业的目标总成本。

目标成本与目标成本管理的关系：目标成本是企业内部的控制成本；目标成本管理是企业实施目标成本控制体系和确保企业经济效益稳步增长的管理基础。

目标成本管理一般包括成本预测、成本决策、成本计划、成本控制、成本核算、成本分析、成本检查、成本考核、成本奖惩激励等内容。但就其本质来说,主要分为以下几个重要阶段。

（1）目标成本确定阶段。目标成本的确定是目标成本管理的前提,是目标成本管理能否成功的关键。它是根据相关资料,运用一定的科学方法,在对将来不同情况下的成本水平进行测算的基础上,选择最优的成本效益方案,并通过一定的程序来确定计划期内产品的生产耗费和各种产品成本水平,以此作为目标成本实施和比较分析的依据。

（2）目标成本分解阶段。目标成本分解是目标成本管理的条件,也是目标成本管理的重要步骤。目标管理的思想就是要将企业的总目标具体化,层层分解、落实,有效地进行管理。其基本分解方法就是将项目的目标成本按费用项目类别或按部门依次分解到项目体、部门、分包单位、班组、岗位等各层次上,形成相互联系的成本目标体系。

（3）目标成本控制阶段。目标成本控制是根据预定的成本目标,对成本发生和形成过程以及影响成本的各种因素和条件施加主动的影响,以实现最优成本和保证合理成本补偿的一种行为。从生产经营过程来看,成本控制包括产品生产的事前控制、生产过程控制和事后控制。

（4）成本比较分析阶段。这一阶段是在对目标成本和实际成本进行比较分析的基础上,定期对成本计划及其有关指标实际完成情况进行总结和评价,揭示、查明产品成本变动的原因以及应负责任的单位和个人,并提出积极的建议,采取有效措施,改进成本管理。

以上几个阶段紧密衔接、相辅相成、不可分割,形成了目标成本管理的循环体系。简单来说,目标成本管理的管理过程就是首先确定设计、开发、生产新产品所需的整体目标成本;其次将此整体成本分摊到各个产品零件上,形成各零件的目标成本,在实施过程中用各目标成本进行全过程的综合控制;最后由产品开发部门就目标成本与现有生产条件下实际成本进行比较分析,寻求降低成本的措施。

1.4　电网企业成本管理办法

电网企业体量庞大,成本构成复杂,需要采取高效的管理体系进行统筹管理,包括检修运维成本管理在内的所有类型的成本管理工作都需要在这个统一的管理体系下开展。本节依据国家电网有限公司和南方电网公司成本管理相关规定和文件,介绍适用于大型电力企业的成本管理办法。

1.4.1　成本管理的基本原则

电网企业的成本管理需要根据电网企业实际情况建立管理体系,还需要遵循相关法律法规,其基本原则如下。

（1）全面集约,精益管控。实行全面、全员、全过程成本管理,实现成本管理全覆盖,消除成本管理盲区。加强成本集中管控,增强成本统一调控能力。深化和细化成本管控,消除和减少经营管理中无价值的活动,充分挖掘和利用企业资源,持续实现降本增效。

（2）价值导向，统筹平衡。树立效益观念和成本观念，注重"投入产出"效率，统筹考虑当前利益与长远利益，兼顾需求与能力平衡，持续优化成本结构，实现成本价值最大化。

（3）突出重点，落实责任。把握成本管理核心部分和关键环节，保障经营发展重点及安全投入，控制关键和敏感成本费用指标。落实各环节成本费用管理职责，严格支出源头及过程管控。

（4）依法合规，闭环管理。严格落实国家财经法规和公司内控制度，规范有序发生成本支出。建立健全成本预决算管理、绩效考核和监督评价制度，完善成本闭环管理机制，促进成本管理的良性循环和持续改进。

1.4.2　成本管理组织机构与职责分工

电网企业成本管理的关键是健全的组织机构和高效合理的职责分工，采用金字塔形架构，总部负责统筹规划和总体设计，省（分）部及以下单位逐级宣贯执行。

（1）公司总部及所属各单位党组（委）会（或总经理办公会、董事会）是成本管理的领导决策机构。其主要职责如下：

①贯彻国家法律法规和有关方针、政策；

②组织制定成本方针和目标；

③审批成本预算；

④确定成本考核和奖惩方案；

⑤对重大成本支出方案做出决策。

（2）各级财务部门是成本的归口管理部门。其主要职责如下：

①落实成本管理制度，建立健全成本管理体系；

②牵头组织研究、制定和修订成本标准；

③组织编制、调整成本预算，经成本决策机构审批后分解下达；

④组织进行成本支出审核、成本核算及成本信息归集；

⑤组织对成本预算执行情况进行分析，并形成书面报告；

⑥组织对成本管理情况开展绩效评价；

⑦提出成本管理考核与奖惩方案。

（3）各级业务部门是成本管理的责任部门，应根据国家法律法规和公司成本管理有关规定，在成本归口管理部门的指导下，提出成本需求建议，实施成本过程管控，制定绩效考核指标，开展分析与评价工作。其主要职责如下：

①发展策划部门：负责电网发展规划及建设项目可行性研究阶段的成本控制；负责固定资产零星购置成本控制；协助审核电网检修运维标准成本定额动因参数；对项目投入、产出及效益情况进行分析评价。

②设备管理部门：负责电网检修运维、设备更新、改造等环节成本控制，组织实施检修运维项目成本预算和作业成本预算管理；协助制定电网检修运维及生产用车等标准成本定额，审核有关动因参数；协助制定生产用车成本标准及车辆编制管理办法，提出降低单车消耗措

施;对技改、大修、生产用车成本控制情况进行分析评价。

③营销部门:负责营销活动过程中的成本控制;协助制定电能计量装置轮换、用电计量及用电信息采集系统、营销设备运维成本定额,审核有关动因参数;对营销成本投入进行分析评价。

④交易、计划、调度、营销等部门:负责组织电量的采购、销售、电力交易;负责购电成本控制。

⑤科技部门:负责研究开发成本控制,组织新产品、新技术推广,技术创新,新工艺的设计、研制和应用;对科技项目成本管理进行分析评价。

⑥信息通信管理部门:负责信息系统建设投入及运行维护成本控制;协助制定信息网络运行维护成本定额,审核有关动因参数;对信息系统建设及运维成本管理进行分析评价。

⑦物资部门:负责物资采购和仓储配送成本控制;负责按程序组织勘察、设计、施工、监理等非物资类,以及设备、材料等物资类招标及非招标采购;负责组织开展集中处置废旧物资等后续工作。

⑧对外联络部门:负责对外交流、统一标识、品牌建设、舆情防控等成本管理;对外捐赠项目审核及执行情况进行分析评价。

⑨国际合作部门:负责国际业务、公务出国成本控制,标准制定及动因参数审核;对国际业务、公务出国执行情况进行分析评价。

⑩人力资源部门:负责工资、保险、住房公积金、企业年金、福利等人工成本控制及标准制定;协助开展劳务派遣、业务外包、社会化用工、退休返聘等非雇员类劳务成本管理;对员工教育培训成本控制及执行情况进行分析评价。

⑪后勤管理部门:负责小型基建、非生产大修、非生产技改项目及物业成本控制;协助制定公务用车成本标准及车辆编制管理办法,提出降低单车消耗措施;对公务用车费用支出情况进行分析评价。

⑫审计、监察部门:负责按国家法律法规和公司有关管理制度,开展审计和行政监察等工作,维护成本支出的合法、合规以及管理的规范性。

1.4.3　资产形成前期成本管理

资产形成前期工作包括发展规划、投资能力测算、投资预算安排、可行性研究和设计等,对资产形成的投资成本和未来运营成本具有决定性影响,是成本管理的关键环节。

(1)发展规划阶段,应对工程项目开展经济性评价,将项目净现率等指标作为选取最优方案的标准,并优先安排回报率高的项目;通过加强和改善电网结构,减少重复投资,提高投资的经济效益。对于新产品、新业务开发,应综合考虑产品全寿命周期中的加工制造、装配、检测、维护等多种成本因素,通过产品技术经济性评价,及时进行设计修改,达到降低产品成本的目的。

(2)投资能力测算阶段,应利用投资能力测算模型,根据基期财务指标及预算期的经营预测,计算下一年度能用于投资活动的最大现金支出额,确定分专业投入规模上限。

（3）投资预算安排阶段，应综合平衡发展投入需求与企业承受能力，由各级财务部门会同业务部门对下一年度投资需求进行分析，以项目储备库为基础，结合各单位投资能力，合理安排年度投资预算。

（4）可行性研究阶段，应对投资方案开展经济性评价和投资效益分析，编制初步可行性研究估算，充分比较和论证项目的技术经济可行性，对工程造价和投入运行后在全寿命周期内的设备维护费用、运行管理费用等综合成本进行比较，确定合理的投资方式、工程选址、设备选型等。

（5）设计阶段，应严格审查和监督初步设计、技术设计、施工图设计、施工组织设计。

①初步设计阶段，在批准的可研估算范围内，按照有关规定编制初步设计总概算，做到依据充分、编制规范，不得计列与工程建设无关的项目和费用，概算应作为拟建项目工程造价的最高限额。

②施工图设计阶段，在初步设计批复范围内进行，严禁擅自提高建设标准以及扩大建设规模。

③施工组织设计阶段，合理选用典型设计方案和模块，通过技术比较和经济效益分析，不断优化设计方案，在技术先进、安全可靠的前提下，降低建设和运行成本。

1.4.4　资产形成过程成本管理

资产形成过程包括工程建设、招标采购、物资领用、工程结算、竣工决算等工作，是成本管理的重要环节。应采取有效措施，明确造价控制机构及其成本责任，认真执行招投标制度，加强工程建设管理，保持施工进度与投融资进度合理匹配，从组织、技术、经济等方面节约投资、降低成本。

1. 严格执行工程招投标管理制度

工程设计、施工、监理、物资采购等环节应按公司招标管理有关规定实行招投标制，并严格执行招投标管理有关程序；招标范围应尽可能扩大到主要厂家，以提高工程质量，降低中标价格。

坚持"先利库、后采购"，运用协议库存、供应商寄售、联合储备等多种方式，加快库存物资周转，降低库存水平和资金占用率，提高资金利用效率。

对于施工招标，应在招标文件及施工合同中细化承包方式及内容，明确合同价款调整的范围和方式，合理设置施工招标的最高限价，确定投标报价浮动点，以达到降低投资风险、合理控制工程成本的目的。

通过集中招标推进设备、物资标准化建设。在现有物资技术标准和要求的基础上，制定标准化技术体系，归并设备型号、参数和材料种类，提高电网物资的标准化、通用化水平。

2. 严格控制工程建设其他费用

按照费用明细实施单项控制，结合行业和地域特点逐一分析理清其他费用项目，净化支出内容，严格支出标准。将工程其他费用明细项目纳入工程标准成本管理体系，根据各费用项目可控程度,分别设定内控系数,测算下达各费用内控目标,实行限额控制。规范工程其他费用资金支付,原则上所有款项均应通过银行转账支付,严禁转移、套取资金。严控项目法人管理费等支出,与工程无关的费用一律不得支出。

3. 加强工程结算和竣工决算管理

工程实施阶段,应以招投标文件、合同等为依据,按照实际完成的工程量,根据工程结算有关规定合理确定结算价款和结算进度。

竣工验收阶段,应汇集在工程建设过程中实际消耗的全部费用,严禁虚列、多列费用,严禁摊销与工程无关或不合理的费用,确保工程造价准确、合法、合规。工程竣工验收交付使用后,应在规定时间内编制竣工决算报告,及时做好工程转资和计提折旧工作,确保折旧费用准确。

1.4.5 资产运营期间及退出成本管理

1. 资产运营期间成本管理

资产运营期间的成本管理主要包括购电成本管理、营销成本管理、生产成本管理、管理成本管理、资金成本管理等。

(1)购电成本管理对电网企业效益具有决定性影响,是生产运营期间成本管理的重要环节,应重点做好以下工作。

①积极争取有利的年度发电计划政策。科学预测年度用电增长和发电计划总量,确保计划安排留有余度。合理确定发电计划结构,优先安排水电等可再生能源机组电量,保持上网电价水平基本稳定。

②按照国家节能调度、经济调度有关规定,在保障电网安全稳定运行的基础上,提高电力资源配置能力,保证跨区跨省电能交易的实现。

③加强电能技术损耗管理。努力实现区域无功补偿就地平衡,减少网络无功功率传输,提高电源点至负荷中心输电线路有功功率输送能力;加强配电网络调度管理,适时调整配电网接线和运行方式,合理分配配电网有功和无功潮流分布。

(2)营销成本包括电网企业抄表收费、营业及客户服务、营业网点运营、充换电设施运营以及产业、金融单位开拓市场等营销活动所发生的成本费用。营销式成本管理应重点做好以下工作。

①加强用电营业管理。加快推广居民用户智能电能表的应用,鼓励用户通过银行网点、自助缴费终端、电费充值卡购电,降低营业抄表收费成本和营业网点成本。定期开展用电营业普查,加强用户用电类别划分、定比电量确认、分时电价、功率因数调整等方面的执行监督,消除无表及违章用电现象;采取各种防窃电措施,堵塞电力销售漏洞。

②加强电能计量装置管理。科学合理地安排表计轮换、用电信息采集系统建设及改造、计量装置防窃电改造等计划,降低营业运行维护成本。

③加强智能充换电服务网络运营管理。强化设备运行维护,提高充换电设施利用率和

设备自动化水平,减少用工数量,不断提升充换电设施运行效率和运营效益。

④加强客户服务管理。加强对营业网点修缮、设施维护、服务活动策划、营业厅人员工装等环节的成本费用管理,提高优质服务水平。

⑤加强对供销规模、网点布局、品牌投资、广告方式等关键环节的成本费用管理,提高企业营销管理水平和经济效益,规范营销资金管理,确保资金支出规范、有序、安全。

(3)生产成本是保持电网安全稳定运行所发生的运行维护、设备检修、状态监控、事故(故障)处置等生产活动以及制造企业在产品生产过程中所发生的各项成本费用。生产成本管理应重点做好以下工作。

①积极推行状态检修管理。以提高设备的可靠性和管理水平为目的,通过对设备状态的监测和跟踪,及时发现设备缺陷,科学制定检修策略,提高检修效率,降低检修成本。

②科学安排设备检修计划,合理减少设备检修停运时间。

③推行备品备件物资区域配送,在保障供应、及时配送的前提下,合理调配物资,减少储备成本和管理费用。

④积极推行精益生产,优化生产工艺流程,加强材料、工时定额管理,提高生产效率,降低制造成本。

(4)管理成本是对企业的生产经营活动实施日常管理所发生的各项成本费用。管理成本管理应重点做好以下工作。

①加强成本费用预算管控。强化勤俭节约意识,坚决反对奢侈浪费。严格执行成本费用预算,从严从紧控制费用支出。严禁可控费用总额超支,对"三公"费用、客服及商务活动经费、会议费、外部劳务费、人工成本、福利社保等重要的、敏感性费用严格实施单项控制,并纳入企业负责人年度业绩考核。

②加强有关业务活动成本管理。

a. 严格公务用车管理。从严从紧控制公务用车编制管理办法,严格落实车辆配置标准。健全公务车辆购置、使用、维修、报废全寿命周期管理,建立车辆管理信息系统,实现车辆GPS全覆盖、全方位、全过程管控。对车辆运行费用实行单车核算,降低运行成本,严禁公车私用。

b. 严格因公出国(境)管理。严格执行公司下达的年度因公出国(境)计划,严控出访总量、团组人数和天数,严控计划外团组和"双跨"团组。严格执行财政部和公司有关费用报销规定,不得扩大列支范围或报销无关费用,严禁擅自提高公杂费等出国补贴标准或突破规定标准。

c. 严格控制会议规模、频次和费用。各类会议全部纳入计划。优化会议组织形式,充分利用视频、电视电话会议等方式,严格控制参会人员,精简会议内容和会议材料,压缩会期,提高效率,减少支出。公司内部会议原则上应在公司所属内部场所召开。严格审批会议经费,不得列支或变相列支与会议无关的费用。严禁向所属单位摊派费用。

d. 严格公务接待管理。严格执行国家和公司公务接待规定,坚持有利公务、务实节俭、严格标准、简化礼仪、杜绝浪费的原则,严格接待审批控制,合理制定接待方案,简化接待程序,从严从紧控制陪同人员数量、住宿标准、餐饮标准,严禁高档消费。强化接待定点管理机制,优先选择内部酒店、招待所、办事处等。严格财务票据、单位公函、接待清单等报销凭据审核。

e. 严格控制办公用品消耗。积极推行无纸化办公,杜绝浪费办公耗材。节约办公用水、用电,降低系统设备运转能耗。积极推行办公用品超市化采购,比价比质降低采购成本。不得采购与办公用途无关的用品,严禁以办公用品名义变相采购礼品、搞福利。

f. 严格执行公司差旅费管理制度,从严控制出差人数和天数。交通费和住宿费在公司规定标准内凭据报销,超过规定标准的,超支部分自理。出差人员应优先选择公司系统内招待所、宾馆住宿。伙食补助费和公杂费实行定额包干。

③加强人工成本管理。深化人力资源集约化管理,严格落实定编、定岗、定员制度标准,控制用工总量,优化用工结构,控制人工成本,提高劳动效率。严格落实工资计划,规范各类工资性补贴列支渠道,不得超标准发放,不得违规从福利费和成本费用中列支相关项目。加强企业年金、住房公积金等社保支出管理,严格按照公司统一标准计提缴存。加强外部用工管理,从严、从紧核定各类外部用工数量、费用标准。

(5)资金成本管理,强化资金集中管理,优化融资结构,科学衔接资金需求与筹措时间,努力降低资金成本。资金成本管理,应重点做好以下工作。

①加强资金集中管理,构建公司统一的"资金池"管理体系,以规范账户开立标准为基础,实现资金的统一归集、调度、运作、融通和备付,发挥资金规模效益和协同效应。

②加强月度现金流量预算管理,细化资金支出需求和进度,加强资金流动性管理,强化融资计划的统一管控,提高融资安排的科学性。

③构建公司统一资金结算平台,实行资金集中支付,对接现金流量预算与资金支付平台,提高备付能力,维护资金链安全稳定。加强对资金流的在线监管,减少资金出口,防范支付风险。

④拓宽融资渠道,降低融资成本。公司总部统一安排直接融资,通过发行长短期融资债券等方式,提高直接融资比例,优化融资结构;积极引进信托、保险等低成本资金和开展票据结算。

2. 资产退出成本管理

资产退出成本管理应重点做好以下工作。

(1)对需要拆旧和更换的设备和器部件进行评估,确定使用价值。

(2)可以继续使用而不影响安全生产的,不应批准更改计划。

(3)需要更改但仍可降级使用的,应明确更换使用范围和用途,并监督及时回收和退交入库,且调配使用。

(4)更改报废的应及时收缴退库,妥善保管,统一处置,严格回收现金的财务入账,严禁私自变卖更改设备和部件。

1.4.6　产业、金融单位成本管理

产业、金融单位应积极推行成本领先战略,坚持把有效的成本控制作为培育市场优势、提高盈利能力、锻造核心竞争力的重要手段。加强市场同业成本对标,深挖细查经营管理短板,分业务、分部门、分产品加强诊断分析。加强成本精益管理,树立全寿命周期成本理念,在采购、设计、研发、生产、销售、服务等各环节全面消除无价值的活动,提高价值创造能力。

产业、金融单位应坚持市场导向,积极构建面向市场的成本管控体系,以效益和成本挂钩为导向,优化市场化成本机制,增强成本管控的严肃性、灵活性和针对性。

产业、金融单位要高度重视成本规范管理,坚持依法合规,加强风险防控,认真落实国家财经法规、行业监管要求、公司管理制度等,积极推进全面风险管理和内控体系建设,提高经营合规性水平。

产业、金融单位应加强成本集中管控,优化资源配置,强化预算集约调控和统筹管理,禁止资金切块使用。加强资源配置效率评价,精细核算资源配置效果,深入到分(子)公司、产品条线(渠道)、合同订单等层面,根据评价结果动态配置资源。

1.4.7　标准成本管理

建立健全标准成本管理体系,制定科学合理的成本标准,作为成本分配、控制、评价及考核的依据。标准成本体系全面覆盖公司所属电网、产业、金融单位建设经营全环节、全过程,包括生产经营标准成本体系与电网基建标准成本体系。

按照"规范先行、全面覆盖、科学制定、标准统一"的原则,预测成本需求,编制成本预算,控制成本支出,分析成本差异,优化作业活动,加强事前、事中、事后的全过程成本管理,实现公司生产成本费用支出标准科学、过程可控、信息可比、投入有效。

(1)电网企业生产运营标准成本体系,包含电网检修运维成本标准、其他运营费用成本标准以及非电单位标准成本。

①电网检修运维成本标准。梳理标准作业库,统一材料、人工、机器台班的消耗水平和单价标准,制定作业成本标准。汇总检修运维典型项目所包含作业活动的作业成本标准,形成项目成本标准。以作业标准成本和项目标准成本为基础,按照资产类别和功能属性制定单位变电容量、单位线路长度、单座变电站等单位输配电资产的年均成本消耗标准。

②其他运营费用成本标准。按照动因分析法,将其他运营费用划分为人员、资产、营业规模、管理行为、政策等五大类,依据各项业务特点和相关政策法规分析测算影响费用水平的参数及其取值规则,核定成本标准。

③非电单位标准成本,包含省级电网企业所属非电力生产子公司生产成本、管理费用和营业费用标准。其中,营业费用标准以历史毛利率水平为基础,并根据预算期收入水平核定;管理费用按照动因分析法核定成本标准;营业费用区分单位性质按照营业收入的一定比率核定。

(2)产业单位标准成本体系,包含产业单位主营业务成本标准、产业单位管理费用和营业费用标准、科研教培单位营业成本标准。

①产业单位主营业务成本标准。根据直属产业单位的行业、产品特点,梳理提炼各类产品业务的典型作业流程,在作业内容规范化、标准化的基础上,分析各标准作业的资源消耗动因,核定各类产品业务的成本标准。

②产业单位管理费用和营业费用标准。按照动因分析法,依据各项业务特点和相关政策法规分析测算影响费用水平的参数及其取值规则,核定管理费用及营业费用成本标准。

③科研教培单位营业成本标准。按照动因分析法,对各成本科目的驱动因素进行详细分析和逐一分解,将成本动因转化为业务参数,依据各项业务特点、政策规定,结合历史数据,分析测算核定成本标准。

(3)金融单位标准成本体系,包括金融单位营业成本、业务及管理费标准。

①金融单位营业成本。充分考虑行业特点、监管要求和经营发展需要,按照规范管理、支持发展、防范风险等原则,区分市场业务和股东业务,对营业成本总额及重要的敏感性成本项目制定成本标准。

②金融单位业务及管理费标准。对各类费用驱动因素进行详细分析和逐一分解,按照动因分析法核定费用标准。

(4)电网基建标准成本体系是在基建预规、概预算基础上,结合电网建设特点,积极应用"三通一标"建设成果,以竣工决算报表细目为成本体系,以通用设计工程量为基础,以历史成本费用水平为参照,合理制定基建标准成本内容与执行标准,构建满足成本归集和管理需要的科学、完整、明细的输变电工程标准成本项目体系。

(5)运用标准成本编制预算和强化成本过程控制。

①编制成本预算。建立包括各单位营业收入、人员规模及结构、各级变电设备容量、线路长度、用户数量、地区调整系数等信息在内的业务参数库,依据参数信息和标准成本编制成本预算,通过零基预算管理消除历史成本中的不合理因素,确保成本耗费水平公平、科学、合理。

②分解成本指标。根据审定的各级单位业务参数和统筹平衡的预算方案,分解生成各单位成本指标。各级单位根据下达的指标,结合本单位细化成本标准和生产经营实际,对成本预算指标逐级向下分解。

③强化成本控制。在生产一线推行作业成本管理,细化检修项目预决算,优化作业设计,降低作业消耗,将成本管理责任向一线班组、员工和作业层面延伸。细化成本核算科目,分析执行差异,重要成本项目实行分项控制,提升成本精益管理水平。

④严控投资支出。全面深入推行基建标准成本,加强投资估算、工程概算、招标采购、工程实施、工程结算和竣工决算等关键环节管控,强化工程成本的企业内控管理,实现对建设成本的规范、有效控制。

(6)建立标准成本体系动态完善机制。结合生产经营实践中各类技术和管理创新情况,根据材料、人工等市场价格变动对成本的影响,改进工作流程,优化作业设计,动态维护标准成本体系,保持成本标准的科学性、适用性和先进性。

(7)各级单位应结合相关管理要求和本地实际情况,在公司统一制定的生产标准成本体系基础上,进行必要的细化和补充。

1.4.8 成本管理绩效评价与监督

各级单位应积极开展成本绩效评价指标研究和应用工作,建立健全成本管理绩效评价体系,不断提高成本投入产出效率。成本管理绩效评价指标的设置应体现行业特点,综合评价经营各环节的成本耗费水平。

各级单位应按成本预算分解落实责任部门或个人,严格执行各项成本管理制度,审查各类成本支出的合法性和合理性,严格履行相应的审批程序,使成本控制覆盖生产经营全过程。

各级单位应结合企业负责人业绩考核、同业对标评价等办法,将成本管理绩效评价指标逐级分解,明确有关成本管理绩效的评价责任部门、考核责任部门以及奖惩措施。

对节省资源,采用新技术、新工艺、新产品、新办法等,投入产出效率有明显改善的,以及提出节支合理化建议,具有明显经济价值的,经批准可给予适当奖励。

对擅自提高成本开支标准、改变成本支出用途等违反成本管理制度、造成经济损失和浪费的行为,应追究工作责任,并根据具体情况给予惩处。

审计、监察部门是成本管理的监督监察部门,分别对成本管理进行审计监督和行政监察。

第 2 章　电网检修运维标准成本管理

标准成本制度产生于 20 世纪 20 年代的美国,随着经济全球化的发展,许多跨国公司已经普遍实行严格的标准成本管理。推行标准成本管理是电网企业实施财务集约化管理、深化细化预算管理、推动企业管理标准化与规范化的重要举措。

本章从电网企业标准成本管理、电网检修运维成本标准、电网检修运维工程成本定额管理等角度展开论述。由于标准成本需要根据实际情况动态修编,以及篇幅有限,本章不对定额的具体数据进行展开介绍。

2.1　电网企业标准成本管理

2.1.1　电网企业实施标准成本管理的背景

标准成本管理是电网企业成本管理的重要组成部分,统一成本标准、推行标准成本管理是电网企业实施财务集约化管理,实现"六统一"的重要举措;是深化、细化预算管理,科学主导编制预算,提升成本管理科学化、精益化水平的重要基础;是厉行节约、降本增效、缓解经营压力的重要手段;是深入推行资产全寿命周期管理,合理控制全寿命周期成本的重要内容;是完善技术经济标准体系,推动企业管理标准化、规范化的重要组成部分。

1. 电网企业标准成本管理的必要性

按照集团化运作、集约化发展、精益管理、标准化建设要求,历史粗放式成本运营和管理方式已很难适应电网发展的需要,成本控制没有标准,费用预算采用滚动加成,合理性和规范性欠缺,造成基层单位指标苦乐不均,在一定程度上影响了绩效考核的客观性和公平性,其约束和激励作用也大打折扣。同时,由于缺乏杠杆和标准,成本过程控制呈现盲目性和无对照性,成本有效管控难以深入细致进行。因此,推进成本精益管理,实现成本管理的可控、能控,建立标准成本管理体系势在必行。

标准成本提供了一个具体衡量成本水平的适当尺度,可用来确定生产经营各有关方面(部门)在成本上应当达到的目标,并作为评价和考核工作质量及效果的重要依据。标准成本,特别是配合"责任会计"的推行,加强了成本差异的分析,可以使广大职工增强对成本的敏感性和责任感。同时,标准成本的运营可以为公司决策层提供合理的信息支持,对合理评估项目运行和后续支出提供第一手基础资料。

标准成本管理作为企业一项重要的管理制度和经营手段,需要企业各个环节、所有部门、全体人员共同参与。因此,要保证标准成本管理制度的广泛代表性和可操作性,标准成本实施方案的制定和具体标准的测定必须得到生产、营销、人力资源、信息管理等相关部门的全面参与、支持和配合。同时,标准成本测定需要成熟有效的企业管理模式和规范化的管理流程作为基础,实施标准成本管理必须先具备标准的作业和程序管理。随着企业整体管理能力和水平的不断提升以及同业对标各项工作的不断推进和拓展,电网企业通过学习引入并运用先进管理办法和经验,再结合自身长期的生产作业和经营管理实践,已基本形成符合自身条件的作业和规范化管理流程,标准成本实施基本条件已经具备。信息化管理水平的突飞猛进为标准成本管理提供了良好的载体和手段,先进管理模式的不断运用和准确的第一手基础数据的积累使标准成本实施已经完全成为可能。

2. 标准成本管理的实施路径

由于电网企业资产分布区域、地理环境、气候、运维条件、地区经济发展水平等差异都非常大,运行维护的作业方式、工作流程、历史成本也不尽相同且可能相差悬殊,因此标准成本建设管理必须充分考虑个体差异,因地制宜,逐步推进。由于经济发展水平极不平衡,相应地区的电力公司发展和实际费用水平、自身消纳能力均存在较大差异,因此短期实现完全趋同的标准成本管理不符合现有实际,需要因地制宜、循序渐进推行,建议按照以下基本步骤实施。

第一阶段,先期实施基于历史数据的标准成本。首先将历史数据内容进行细化,并根据其相关性确定有典型性和代表性的标准成本。实地调研选取成本水平高、中、低的有代表性的单位后,在综合平衡的基础上制定基于历史数据的标准成本,针对各单位历史水平相差悬殊和个体差异较大的现状,在确定统一标准的基础上设定不同的系数对差异进行调整,该系数原则上应本着适度考虑个体差异、未来总体趋同的原则逐年向统一标准靠拢。这种方法最大的优点是测算简单,且各单位标准成本和历史水平相差不大,执行过程中阻力较小。但基于历史数据的标准成本不是严格意义上的标准成本,历史数据本身就不是标准数据,对业务工作不具有"标准"指导性。

第二阶段,逐步过渡到作业标准成本。通过历史数据的标准成本的过渡,在初步形成成本标准化管理意识的基础上,必须推进更为精细和更加科学,且和标准化作业流程管理紧密衔接的作业标准成本;也就是以各项作业为成本核算对象,通过将作业所耗费的资源按一定的方法予以确认和计量,将资源耗费归集到作业上,通过过为之建立成本标准,进而计算、分析并处理成本差异,将各项差异作为绩效评价依据,并持续提高成本管理水平。

3. 标准成本法在电网企业经营管理中的具体应用

1) 标准成本应用范围

标准成本法的典型应用行业为品种少、批量大、重复性生产的制造行业。从这一点来讲,电网企业类似于"服务业"企业(除电网基建外),主要是对电网资产进行运行和维护。

运行业务具有重复性,符合标准成本法的条件。维修业务相对缺乏可比性,如果将维修业务作为一个成本对象,不易制定成本标准。但是,维修业务如果再向下细分一级,还是具有可比性和重复性的,这一点从二维对标的项目中可以看出。因此,在电网企业应用标准成本,目前主要以运维作业为成本核算和管理对象。未来可根据实施情况,不断补充完善,逐渐将电网建设、大修、技改等相关投资项目纳入标准成本管理范围,与其他成本项目的管控方式相结合,构建资产全寿命周期的成本管控体系。

2)标准成本法与预算管理相结合

事前制定的各项作业成本标准,为财务和业务部门的沟通搭建了桥梁,将极大地提高预算编制的准确性和效率,减少上下级之间的讨价还价行为。

3)标准成本法与激励机制相结合

现有薪酬激励基本趋于固定成本性质,业绩评价也更多地以定性指标居多。标准成本法所提供的“差异”指标,不但可以帮助相关部门改善绩效,而且可以为业绩评价提供更为科学的依据。

4)标准成本法与业绩改善相结合

标准成本法是一种重要的成本控制工具,为有效降低成本提供了决策信息。但是,真正降低成本的原动力还在于基层单位的具体作业操作者,他们最懂得成本是如何发生的,也最懂得如何降低成本。因此,通过标准成本法,按部门编制责任预算,与激励机制相结合,将有助于发挥基层单位降低成本的积极性。

4. 标准成本在实施过程中要处理好的几个关系

标准成本管理并不单纯是一种成本计算方法,而是一种将成本计算和成本控制相结合的方法。作为一项系统工程,其实施过程将是一项长期而艰巨的工作,在实施过程中应协调好以下几个关系。

1)全面预算是成本管控的基础,是确定成本指标的依据

绝对的成本降低是通过建立控制环境实现的,而控制环境的建立主要依靠全面预算具体化和量化的战略计划的实施。通过全面预算将企业的战略计划细分,具体到生产经营的各个环节、各个部门,加强企业的内控,建立完善的控制体系,形成良好的控制环境。

2)加强与业务部门的协调

如前所述,标准成本是以标准作业为应用对象的,因此必须由业务部门提供、确认作业清单,并协助制定相关支出标准。从这个意义上说,标准成本管理并非是财务部一个部门的工作。

3)处理好现在和未来变化的关系

应逐步积累相关资料和数据。由于核算方式的差异,在最初的标准成本制定过程中缺乏作业相关的历史成本数据,在一定程度上会影响标准成本的准确性。但是标准成本并不是静态固化的,而是随着时间的推移,通过逐步积累相关资料和数据,不断修订和完善的。

2.1.2　电网企业标准成本管理制度

1. 电网企业标准成本管理的总体目标

推行标准成本管理的基本目标是按照“调控成本总量、监控业务分项、严格标准体系、实现集约高效”的总体要求,以作业标准和动因分析为基础,对电网企业生产经营活动的资

源耗用状况进行定性和定量分析,制定科学合理的成本标准,并以标准成本为依据,预测成本需求,编制成本预算,控制成本支出,分析成本差异,优化作业活动,加强事前、事中、事后的全过程成本管理,实现电网企业成本支出标准科学、过程可控、信息可比、投入有效。

2. 电网企业标准成本管理的基本原则

（1）规范先行。坚持先规范后统一,以财务会计制度为依据,结合电网生产经营特点,规范各项成本费用的列支范围和渠道,为标准成本的制定、实施和改进提供可比数据基础。

（2）科学制定。以作业标准和动因分析为基础,精确核定成本标准,体现成本水平的科学性、先进性,实现成本预算管理从历史成本法向零基预算法的转变。

（3）统一标准。坚持标准为主、兼顾差异,在已实现区域成本水平基本统一的基础上,以现有技术和管理条件下的作业活动最优消耗水平为起点,统一公司系统各网省公司成本标准,对地区价格差异等客观因素采用合理方法予以修正。

（4）全面覆盖。成本标准在支出内容上应覆盖电网检修运维、运营管理环节的各个费用科目,在应用范围上应覆盖网省、地（市）和县公司三个层级。

（5）协同推进。标准成本应用要实现预算与核算有机衔接,统一预算与会计科目,规范列支渠道,细化管控标准;与信息化建设有机衔接,为标准成本管理提供技术支持;与资产全寿命周期管理有机衔接,落实成本管理责任。

（6）持续优化。加强成本管理数据积累,完善各环节成本管理制度,建立健全成本标准执行、分析、考核工作机制,推动标准成本持续优化。

3. 标准成本的推广应用方式

标准成本的推广应用应当贯穿于预算编制、分解、执行、分析、考核等成本管理全过程。

（1）科学主导编制预算,推行零基预算管理。公司总部和各网省公司要建立包括各级变电设备容量、线路长度、人员规模及结构、用户数量、地区调整系数等信息在内的业务参数库。网省公司在年度预算编制前向公司总部上报相关参数信息,公司总部进行审核确认后,将其作为编制预算的基础。通过调整预算编审方式和流程,公司总部直接根据成本标准和经审定的业务参数自动生成成本预算,实行零基预算管理,逐步消除历史成本中的不合理因素,提高公司总部科学主导编制预算的能力和预算编审工作效率。

（2）实现成本自动分解,优化资源配置方式。指标分解是预算编制的逆过程,要依托标准成本体系在预算编制模型中的应用,实现成本预算的快速分解下达。公司总部根据审定的各网省公司业务参数和全公司统筹平衡的预算方案,依托信息化平台,自动分解生成各网省公司成本指标。各网省公司根据公司总部下达的指标,结合本单位细化成本标准和生产经营实际,进一步对成本预算指标向下进行逐级分配。地（市）、县公司以电网检修项目成本定额中最小可检修单元为基础,结合年度检修计划,编制检修项目预算,按规定报经批准后,作为项目预算控制的依据。

（3）强化执行过程管控,推动成本精益管理。各单位财务部门要利用信息技术平台,细化成本核算内容,丰富成本管理信息,动态跟踪成本预算执行情况,及时分析实际支出与预算的差异,落实成本管理责任,增强预算执行刚性。网省和地(市)公司生产管理部门要按照检修项目预算开展电网检修运维工作,加强对检修工程量、检修频次、材料、人工、机械台班价格等业务控制,分析项目预算执行差异,控制项目实际成本。地(市)、县公司要结合状态检修工作,组织基层班组全面推行作业成本管理,将项目预算分解到材料、人工、机械台班等各子项,推动成本管理责任向一线员工和作业层面延伸,不断优化作业设计,降低成本消耗,提高精益管理水平。各级成本管理责任部门(单位)都要积极参与标准成本管理工作,逐步实现成本管理由总额控制向分项控制转变、由结果控制向过程控制转变、由财务部门为主控制向财务和业务部门共同控制转变,提高成本管控的深度和细度。

(4)健全考核评价机制,发挥激励约束作用。各单位应建立健全绩效管理制度,加强成本管理绩效考核与评价,将成本管理与职工效益挂钩,充分发挥标准的激励约束功能。绩效考评指标应兼顾先进性与可行性,体现持续改进、动态优化的理念,激发全体员工积极参与成本管理的主观能动性。对于在研究应用新技术和新工艺、改进生产作业流程、节约成本费用支出、推动成本标准进步中做出贡献的单位和员工,应当给予必要的表彰和奖励;对执行标准不严、控制成本不力的单位,应当采取必要的约束措施。

4. 做好标准成本推广应用工作的几点要求

(1)加强组织领导,财务、业务协同推进。各单位要高度重视标准成本建设与应用工作,分管领导亲自组织,财务、生产等相关部门密切配合,按照预算和成本管理的职责分工,协同推进标准成本管理。各单位要在公司统一的成本标准基础上,结合实际情况,尽快制定细化标准,作为本单位内部编制成本预算、分解成本指标、深化成本管控的依据。要根据成本标准,健全完善相关业务预算管理的配套制度,落实成本责任,细化管理要求。要组织地(市)、县公司积极推行检修项目预算管理和作业成本管理,确保标准成本分级应用、层层落实。

(2)完善技术手段,强化信息平台支撑。在信息系统中建立标准成本信息库,固化典型项目和作业成本定额,成本责任部门(单位)可以直接调用标准成本进行财务预算和项目预算编制。根据标准成本体系完善成本核算体系,细化核算对象和内容,为深化成本管理提供数据支持。建立财务与业务部门间的成本信息协同与共享机制。利用数据仓库和挖掘技术加强标准成本差异分析,完善成本分析功能,提高决策支持能力。

(3)加强数据积累,动态优化标准体系。建立标准成本动态完善机制,在标准成本推广应用过程中认真积累数据,及时总结经验,不断提高标准成本的适应性和准确性。各级单位要结合生产经营实践中各类技术和管理创新情况,关注材料、人工等市场价格变动对成本的影响,提出改进工作流程、优化作业设计、完善成本标准的意见和建议。公司总部统一组织,按照年度个别调整和三年修订一次的基本原则,对标准成本体系进行动态维护,保持成本标准的科学性和先进性。

2.2　电网检修运维成本标准的制定

电网检修运维成本标准是根据电网企业生产经营活动已经达到的技术和管理水平,对电网生产经营过程中的标准作业活动,经过精确的调查分析和技术测定所制定的正常情况下的最优成本消耗标准。统一成本标准是实现预算和成本管理科学化、精益化的重要基础,是技术经济标准体系的重要组成部分,是推行资产全寿命周期管理的重要内容。

电网检修运维成本是指电网输配电资产大修、抢修、日常检修和运行所产生的材料费和修理费,包括变电检修成本(35 kV 及以上变电站)、输电线路检修成本(35 kV 及以上架空和电缆输电线路)、配电网检修成本(10 kV 及以下配电线路和设备)、通信检修成本(变电站内通信设备和电力通信线路)、变电运行成本。

2.2.1　成本标准制定依据

电网检修运维成本标准制定的主要依据如下。

(1)财务会计制度依据。电网检修运维成本标准必须符合财务相关的法律、法规、标准和制度,必须符合企业内部财务相关的规定,必须在企业的财务管理架构之下。相关制度规范包括但不仅限于《企业财务通则》《企业会计准则》《电网公司会计核算办法》《电网公司成本管理办法》等。

(2)电网检修运维的生产技术规程、规范。电网检修运维成本标准需要符合相关生产技术规程、规范的规定。相关生产技术规程、规范包括国家有关部门、行业组织和公司发布的各类电气设备规程、技术规范、检修导则(包括各类变电设备状态检修导则)、工程施工与验收规范、试验标准等国家标准、行业标准和公司标准。

另外,由国家能源局发布的关于电网检修工程预算定额也是其重要依据,包括《电网技术改造工程预算编制与计算规定(2020 年版)》《电网检修工程预算编制与计算规定(2020 年版)》,以及与之配套使用的《电网技术改造工程概算定额(2020 年版)》《电网技术改造工程预算定额(2020 年版)》《电网拆除工程预算定额(2020 年版)》和《电网检修工程预算定额(2020 年版)》

(3)电网检修运维成本标准需要从实际出发,与电力企业的实际业务挂钩,充分体现电力企业生产的实际特点,充分利用财务、生产和基建管理的各类统计数据和分析资料。相关数据和资料包括根据状态检修导则、技术规程等分析测算的各类设备理论检修频次、据实统计的各网省公司输配电设备数量及分类构成情况、输变电工程典型设计、各网省公司各电压等级典型变电站主接线图、近三年实际检修设备台次及成本消耗情况、检修运维成本总额变化情况等。

2.2.2　成本标准层次构成与核定方法

电网检修运维成本标准分为以下三个层次。

1. 作业成本定额

作业成本定额是指电网生产检修活动中单个作业活动所消耗的材料、人工和机械台班费用定额,它是电网检修运维成本的底层标准。

作业成本定额的核定方法是根据各类电网设备的技术特性、生产运行特点和检修维护状况,对电网生产实践中的典型作业流程进行提炼,在作业内容规范化、标准化的基础上,计算各种作业的材料、人工和机械台班的通常消耗量水平,制定标准作业库;根据市场供求状况和实际招标采购统计数据,参考基建工程定额和供应商咨询信息,采用专家意见法分析测算各类材料、人工和机械台班的单价标准;根据标准作业库和材料、人工、机械台班单价标准,核定作业成本定额。

作业成本定额主要用于一线生产运行单位加强生产作业管理,衡量作业消耗,优化作业设计,为改进生产作业管理、控制作业成本水平提供标准依据。

2. 项目成本定额

项目成本定额是指一个检修运维项目所包含的所有作业活动的成本消耗定额,它是电网检修运维成本的基础标准。

项目成本定额的核定方法是分别汇总各类检修运维典型项目所包含作业活动的作业成本定额,形成项目成本定额。

项目成本定额主要用于基层单位业务部门编制检修项目概预算,分析项目实施成本,监控业务预算执行,为深化、细化生产检修业务预算管理提供依据。

3. 单位资产成本标准

单位资产成本标准是指在作业成本定额和项目成本定额的基础上,按照资产类别和属性所制定的单位变电容量、单位线路长度、单座变电站等单位输配电资产的年均成本消耗标准。

单位资产成本标准的测算方法,首先根据各类输变电设备特性和项目成本定额,分别归集单台设备各种检修项目所需的成本消耗水平;然后根据各网省公司各电压等级典型变电站(典型输电线路)所包含设备类型及数量的统计数据、变电站主接线图、输变电工程典型设计、各类设备理论检修频次等,汇总测算每座变电站(每 100 km 输电线路)每年检修运维所需的成本总额;最后汇总各网省公司、各电压等级典型变电站(典型输电线路)总容量、总长度和标准检修运维费用总额,采用数学分析方法剔除畸高畸低数据后,计算核定各电压等级单位变电容量(或单位线路长度、单座变电站)的年均检修运维成本标准。

单位资产成本标准主要用于公司总部和各网省公司测算成本需求,分解成本预算,监控财务预算执行,为统筹配置资源和加强成本分析、考核与评价等提供依据。

2.2.3　成本项目、列支范围与计算方法

1.35 kV 及以上变电检修成本

变电检修成本列支范围包括 35 kV 及以上变电站站内变电一次设备、二次设备和远动自动化等设备因大修、抢修和日常检修发生的成本消耗,包括装置性材料费用和消耗性材料费用,不包括已列入工资、外部劳务费、电力设施保护费等科目的人工及其他费用,也不包括检修项目外包所产生的除装置性材料以外的外包工程费用。

根据测算结果,结合实际情况确定单位变电检修成本标准,并按照式(2-1)计算:

变电检修标准成本总额 $=\sum$ (各电压等级变电容量 $\times$ 单位容量检修成本标准)(2-1)

2.35 kV 及以上输电线路检修成本

输电线路检修成本列支范围包括 35 kV 及以上架空输电线路和电缆输电线路及其附属设备因大修、抢修和日常检修所发生的成本消耗,包括装置性材料费用和消耗性材料费用,不包括已列入工资、外部劳务费、电力设施保护费等科目的人工及其他费用,也不包括检修项目外包所产生的除装置性材料以外的外包工程费用。

根据测算结果,结合实际情况确定单位输电线路检修成本标准,并按式(2-2)计算:

输电线路检修标准成本总额

$=$ 架空输电线路检修标准成本 $+$ 电缆输电线路检修标准成本　　　　　　　　(2-2)

其中

架空输电线路检修标准成本

$=\sum$ (各电压等级架空输电线路长度 $\times$ 单位长度检修成本标准)　　　(2-3)

电缆输电线路检修标准成本

$=\sum$ (各电压等级电缆输电线路长度 $\times$ 单位长度检修成本标准)　　　(2-4)

3.10 kV 及以下配电网检修成本

配电网检修成本的列支范围包括 10 kV 及以下的配电线路及设备因大修、抢修和日常检修维护所发生的成本消耗,包括装置性材料费用和消耗性材料费用,不包括已列入工资、外部劳务费、电力设施保护费等科目的人工及其他费用,也不包括检修项目外包所产生的除装置性材料以外的外包工程费用。

根据测算结果,结合实际情况确定单位配电网检修成本标准,并按式(2-5)计算:

配电网检修标准成本总额 $=10$ kV 配电线路长度 $\times$ 单位长度检修成本标准(2-5)

4.通信检修成本

通信检修成本的列支范围包括所有通信线路、通信设备及其附属物和各级调度机构通信设备因大修、抢修和日常检修维护所发生的成本消耗,包括装置性材料费用和消耗性材料费用。不包括已列入工资、外部劳务费、电力设施保护费等科目的人工及其他费用,也不包括检修项目外包所产生的除装置性材料以外的外包工程费用。

根据测算结果,结合实际情况确定单位通信检修成本标准,并按式(2-6)计算:

通信检修标准成本总额

= 变电站通信设备检修标准成本 + 通信线路检修标准成本   (2-6)

其中

变电站通信设备检修标准成本

= ∑ 各电压等级变电站数量 × 相应电压等级每座变电站检修成本标准   (2-7)

通信线路检修标准成本 = 通信线路长度 × 单位长度检修成本标准   (2-8)

5. 35 kV 及以上变电运行成本

变电运行成本是指变电运行过程中发生的、不属于检修成本范围的日常消耗性支出,主要列支范围包括水处理系统维护、安全防盗设施维护、消防设施维护、道路维护、防汛器材维护、变电站房屋维护、办公设备维护等费用,不包括已列入工资、外部劳务费、电力设施保护费等科目的人工及其他费用。

根据测算结果,结合实际情况确定单位变电运行成本标准,并按式(2-9)计算:

变电运行标准成本总额

= ∑ 各电压等级变电站数量 × 相应电压等级每座变电站运行成本标准   (2-9)

6. 外包费用

电网检修外包费用是指受人员、技术和机械装备等原因限制,电网企业自身无法自行开展检修工作,而将检修项目外包给社会单位所发生的消耗性材料、人工、机械台班费用和措施费、间接费、利润及税金等支出。装置性材料费用已经在前述成本标准中统一核定,外包费用中不再另行考虑。

核定外包费用总额标准为变电、输电、配电网、通信检修成本(含装置性材料费用和消耗性材料费用)总额的 5%。

各单位检修项目外包管理的历史沿革、外包比重、外包内容、承包主体、取费标准等有很大差别。标准成本核定过程中,对涉及特殊工种、特殊工艺和技术要求确需面向社会外包的检修项目(如变压器返厂大修、设备防腐处理、部分土建等),根据实际外包需求情况,在分析测算的基础上,核定外包成本总水平底线控制标准;同时,对于外包给多个单位的检修项目,考虑外包项目实际情况和主多分离改革要求,核定过渡期间外包费用调整系数。调整系数应根据主多分离改革情况逐步下降。

外包费用标准成本总额

= (变电检修标准成本 + 输电线路检修标准成本 + 配网检修标准成本 +

通信检修标准成本) × 5% × 调整系数   (2-10)

2.2.4 电网检修运维标准成本示例

电网检修运维标准成本需要根据实际情况动态调整,表 2-1 为某电网公司检修运维单位成本标准汇总表。

表 2-1　某电网公司检修运维单位成本标准汇总表

类别	单位	单位成本标准
一、35 kV 及以上变电检修成本		
35 kV（20 kV）变电站	元 /（MV·A）	7 169
110 kV（66 kV）变电站	元 /（MV·A）	3 195
220 kV 变电站	元 /（MV·A）	2 492
330 kV 变电站	元 /（MV·A）	2 029
500 kV（750 kV）变电站	元 /（MV·A）	1 137
二、35 kV 及以上输电线路检修成本		
（一）架空输电线路		
35 kV（20 kV）架空输电线路	元 /km	4 041
110 kV（66 kV）架空输电线路	元 /km	5 227
220 kV 架空输电线路	元 /km	6 004
330 kV 架空输电线路	元 /km	6 367
500 kV 架空输电线路	元 /km	6 840
750 kV 架空输电线路	元 /km	7 501
（二）电缆输电线路		
35 kV（20 kV）电缆输电线路	元 /km	1 548
110 kV（66 kV）电缆输电线路	元 /km	2 685
220 kV 电缆输电线路	元 /km	3 382
三、10 kV 及以下配电网检修成本		
10 kV 及以下配电网	元 /km	1 755
四、通信检修成本		
（一）变电站通信设备检修成本		
35 kV（20 kV）变电站	元 / 站	9 838
110 kV（66 kV）变电站	元 / 站	13 212
220 kV 变电站	元 / 站	24 003
330 kV 变电站	元 / 站	39 706
500 kV（750 kV）变电站	元 / 站	67 970
（二）通信线路检修成本		
通信线路	元 /km	594
五、35 kV 及以上变电运行成本		
35 kV 变电站	元 / 站	74 551
110 kV 变电站	元 / 站	114 193
220 kV（330 kV）变电站	元 / 站	229 729
500 kV 变电站	元 / 站	364 932

需要注意,电网检修运维成本标准是根据电网企业实际情况制定的,针对某类对象的检

修运维费用的单位成本标准,从另一角度可以理解为检修运维成本限额。实际上,在具体的检修运维工作中,需要根据实际的工作内容制定详细的检修运维成本预算,而预算的制定标准为对应工作内容的成本定额。

2.3　电网检修工程成本定额管理总述

输电、变电、配电设备检修费用管理是电网企业成本管理的重要内容,是电网企业资产全寿命周期管理的重要基础。为进一步加强成本精益化、标准化管理,需要建立统一的预算成本定额体系,编制电网设备检修定额是建立成本定额体系的重要内容。

目前,为了适应电网技术改造和检修工程管理发展的实际需要,科学反映物料消耗及市场价格变化情况,进一步统一和规范电力建设工程计价行为,合理确定和有效控制电网技术改造和检修工程造价,国家能源局委托中国电力企业联合会修编完成了《电网技术改造工程预算编制与计算规定(2020 年版)》《电网检修工程预算编制与计算规定(2020 年版)》,以及与之配套使用的《电网技术改造工程概算定额(2020 年版)》《电网技术改造工程预算定额(2020 年版)》《电网拆除工程预算定额(2020 年版)》和《电网检修工程预算定额(2020 年版)》。

国家电网有限公司组织相关专家研究编制了《国家电网有限公司电网设备检修成本定额》和《国家电网有限公司电网检修工程预算编制和计算标准》,作为规范和统一国家电网有限公司系统输电、变电、配电设备的检修工程预算计算标准。

与国家电网有限公司类似,南方电网公司、内蒙古电网公司都结合各自的实际情况,出台了相关的检修成本定额标准。

2.3.1　国家能源局颁布的《电网检修工程预算定额(2020 年版)》

《电网检修工程预算定额(2020 年版)》所述的预算定额是编制电网检修工程预算的依据,也是编制最高投标限价、投标报价和工程结算的基础依据。

《电网检修工程预算定额(2020 年版)》共分五册,包括:第一册,电气工程;第二册,架空线路工程;第三册,电缆线路工程;第四册,调试工程;第五册,通信工程。

其中,电气工程部分包括变压器,配电装置,母线和绝缘子,二次、继电保护和仪表,交、直流系统,充、换电设备,电缆,接地,换流站设备,调相机和其他检修其十部分;架空线路工程包括基础检修,杆塔检修,防雷设施及接地装置检修,导线及避雷线检修,附件检修和杆上设备检修共六部分;电缆线路工程包括陆上电缆本体,陆上电缆终端,陆上电缆中间接头,陆上电缆附属工程,避雷器检修,充油设备、护层保护箱、压力箱、信号屏,电缆防火检修及其他,海底电缆本体,海底电缆中间接头与终端,海底电缆附属共十部分;调试工程包括变电站设备检修调试,换流站设备检修调试,柔性换流站设备检修调试,调相机检修调试共四部分;通信工程包括光纤通信数字设备,通信电源设备,微波设备,电力线载波设备,同步网设备、通信设备集中监控系统,辅助设备及其他设备,交换设备,视频监控及安全防护设备,应急指挥系统及卫星通信设备,会议电话、会议电视设备,数据网设备,无线设备,通信业务,通信线路共十四部分。

检修定额是按照检修工程在合理的组织设计、机械配备以及合理的工期与正常的工作条件下制定的。定额中的人工、材料、施工机械台班消耗量反映了现阶段检修的技术水平和组织水平。除各册另有具体说明外,一般不得因实际检修方法、检修组织形式等的差异而对定额进行调整或换算。

检修定额不适用于非正常气候条件下的冰灾、雪灾、风灾或其他特殊情况下的抢修工作。

检修定额的人工包括基本用工和其他辅助用工。人工可分为普通工和技术工,分别以普通工工日和技工工日表示。检修定额内工日均包括检修与单体、分系统调试之间的相互配合用工,人工费用的定额根据检修工作类型的不同分别设定。

检修定额中的材料用量已包括场内运输损耗和检修过程中的损耗。对周转性材料,如枕木、脚手架等均按摊销量计列。检修定额的材料单价以 2020 年材料预算价格为基础综合取定,为除税后单价。检修定额内附注的未计价材料,其施工综合损耗率按不同工程用量的百分比计算,各册另有说明。

检修定额中的机械台班消耗量是按正常合理的机械配备综合取定的,如实际与定额不一致,除各册另有说明外,均不做调整。

检修定额中的机械台班单价,包括场内搬运、合理施工用量、必要间歇时间消耗以及机械幅度差等,按照"2020 年电力行业拆机库"价格取定,为除税后单价。

检修定额中未包括不构成固定资产的工具、用具使用费,这部分费用包含在《电网检修工程预算编制与计算规定(2020 年版)》施工工具、用具使用费条目中。

一般抢修工作,当一次抢修任务的累计定额工日数(技工数、普通工数分别计算)不足一个工日、载重汽车或起重机械累计定额台班不足一个台班时,均按一个工日或一个台班计取;当超过一个工日或一个台班时,则按定额规定数量计算。

本套定额的检修工作,主要指设备、设施的现场检修,不包括设备的返厂检修。

2.3.2 《国家电网有限公司电网设备检修成本定额》

《国家电网有限公司电网设备检修成本定额》共分两册,包括:第一册,变电设备检修;第二册,电网线路检修。

其中,变电设备检修部分包含变压器、开关类设备、四小器(电流互感器、电压互感器、避雷器、电容器)、母线及绝缘子、交直流系统及仪表、保护综自及自动化、通信设备、电气试验共八类检修定额,适用于 750 kV 及以下变电站、通信、自动化装置等设备检修工作。电网线路检修部分(以下简称"本定额")适用于由送电端变电站构架的引出线起至受电端变电站(构架或穿墙套管)的引入线止的 35~750 kV 交流电力架空线路、电力电缆线路, 10 kV 配电线路(设备),输、配电线路的带电作业。

本定额中人工、材料、机械台班消耗的量、价、费标准是公司系统各单位编制检修项目概预算、控制作业成本的依据。公司系统各单位对内部自营检修项目编制工程预算时，仅套用定额中的材料费，以及需租赁的机械、仪器仪表；定额中的人工、机械台班消耗的量、价、费标准可供各单位控制作业成本参考，不得重复计列成本。

本定额中人工、材料、机械台班价格的地区调整系数参照国家电网有限公司电力建设定额站现行执行的有关文件。

本定额以国家和有关部门颁发的现行技术规程、规范为依据，具体在后文中介绍。

本定额按电力设备、设施检修现阶段施工组织、施工机械配备、合理的工期与正常的工作条件制定；是在正常的气候、地理、环境条件下（平原地区）进行的设备检修工作，未考虑冬、雨季等特殊条件下的检修因素。

本定额编制未考虑以下情况：工地运输、气候、地理、环境条件差异；实际施工组织、操作方法等的差异；材料质量问题、运输等过程的损坏及其他意外损坏的影响；为了保证安全生产和施工所采取的措施费用；仅考虑设备的局部补漆，没有考虑设备的整体防腐喷漆工作，此类工作可以套用地方相应防腐定额；没有考虑设备基础制作等土建施工工作，如有此类工作发生，可以套用地方相应土建定额；没有考虑无检修工作规范的检修项目（如在线监测、充氮灭火等装置和工业电视监控等检修），如果此类工作需要外包实施，按外包实际发生费用结算。

综合工日单价根据调研各地用工工资综合确定；定额的人工包括基本用工和其他辅助用工，不分工种、等级，均以综合工日表示；定额内工日均包括检修与单体分系统调试之间的相互配合用工。

本定额的材料价格以每年市场价格为基础综合取定。定额中材料已包括场内搬运损耗、施工现场堆放损耗、施工操作损耗；施工中对周转性材料，如脚手架、枕木、干燥用绝缘导线、石棉布等均按摊销量计列；定额材料仅考虑消耗性材料及周转性材料，未考虑装置性材料（如变压器油泵、隔离开关导电臂等），装置性材料按实际使用量，依据地区装置性材料预算价格另行计算。

本定额中的施工机械台班单价，参照相关标准和年度市场租赁价格综合取定，定额中的仪器仪表的台班单价根据仪器仪表的价格、使用年限和使用次数综合确定；凡单位价值在2 000 元以内、使用年限在两年以内的不构成固定资产的工具、用具等未进入定额；定额考虑检修工作中使用的机械、仪器仪表均按平均配置水平考虑，定额台班数量均按实际的有效工作时间（包括平均往返路程）考虑；各章中的施工机械均是按正常、合理的机械配备和大多数企业的机械化程度综合取定的，如实际与定额不一致，除章节另有说明外，均不做调整。本定额对部分材料及施工机械名称、规格做了简化或合并，以"其他"表示。对费用比重较小的消耗性材料和施工机械，本定额未列消耗量，但其费用均已计入材料费和机械费。

工作量的计算应以批准的现场作业指导书以及现场作业方案为准，在计算工作量前，应熟悉现场实际工作情况，熟悉各章节定额的适用范围、工作内容及各章节定额的说明，避免重复计算或漏项、丢项。

注意区分计价材料与未计价材料，除有特殊规定外，定额计价材料均包括材料损耗，未计价材料应按实计取材料损耗量。

在编制定额时,检修对应定额子目均按单项子目工作内容考虑,如同一地点多项检修工作同时开展,考虑到工作效率的提高,套用定额时应取系数进行平衡;实际检修内容与综合检修对应定额子目(常规检修或解体检修)内容基本一致时,应直接套用综合检修对应定额子目,不可分别套用多项分项检修对应定额子目;实际检修内容为多项分项检修对应定额子目内容时,套用相应分项检修对应定额子目时,应取系数进行平衡,因各类设备情况不同,可参见各章节使用说明;实际检修内容为电气设备综合检修与部分综合检修之外的分项检修项目(如电流互感器除进行"一般性检查、修理"之外,还有取油样、油处理等工作)时,可分别套用综合检修与分项检修对应定额子目,套用综合检修不需要取系数,套用分项检修对应定额子目时,对应定额子目的人工、机械费应取系数0.8;如同一变电站内在同一天内进行检修的同类对象为 X 个($X>1$)(如断路器检修),除非对应定额子目有说明,否则按以下原则选用对应定额子目:第一台取系数1.0,此后增加台数的人工、机械费均应取系数0.5。

本定额最小定额编制对象以电气设备的最小可检修单元来确定,使用时应以各章对应定额子目的计量单位为准,同时参考各章节定额编制说明。

除另有说明外,均包含检修工作开工前的组织、准备、现场勘察工作,现场检修时的机械、材料的场内搬运,施工辅助设施的布置与搭拆(如脚手架),检修结束后检修现场的打扫清理、质量检验及配合验收工作等,检修工艺及质量符合检修导则以及相关规范、规定的要求,并提供检修报告及记录。

本定额是按电力设备、设施检修现阶段施工组织、施工机械配备、合理的工期与正常的工作条件制定的。除各章节另有具体说明外,均不得因实际施工组织、操作方法等的差异而对定额进行调整或换算。

检修与生产同时进行时,除二次设备降效增加费用按人工费的15%计算外,其他设备降效增加费用按人工费的10%计算。

定额中凡采用"×× 以内"或"×× 以下"者均包括"××"本身,凡采用"×× 以上"或"×× 以外"者均不包括"××"本身。

第3章 变电设备检修定额管理

本章以国家电网有限公司电网设备检修成本定额相关规定为蓝本,介绍变电设备检修定额管理相关内容,重点介绍各类变电设备检修定额管理的原则和条目分类。由于篇幅原因,不对定额具体数据展开介绍。

变电设备检修定额以国家和有关部门颁发的现行技术规程、规范为依据,下述标准文件若有更新,以最新版本为准。

1. 中华人民共和国国家标准

(1)GB 50147—2010《电气装置安装工程 高压电器施工及验收规范》。

(2)GB 50148—2010《电气装置安装工程 电力变压器、油浸电抗器、互感器施工及验收规范》。

(3)GB 50149—2010《电气装置安装工程 母线装置施工及验收规范》。

(4)GB 50150—2016《电气装置安装工程 电气设备交接试验标准》。

(5)GB 50168—2018《电气装置安装工程 电缆线路施工及验收标准》。

(6)GB 50171—2012《电气装置安装工程工程 盘、柜及二次回路接线施工及验收规范》。

(7)GB 50172—2012《电气装置安装工程 蓄电池施工及验收规范》。

(8)GB 50254—2014《电气装置安装工程 低压电器施工及验收规范》。

(9)GB 50255—2014《电气装置安装工程 电力变流设备施工及验收规范》。

(10)GB/T 14285—2006《继电保护和安全自动装置技术规程》。

2. 中华人民共和国电力行业标准

(1)DL/T 5161.16—2002《电气装置安装工程质量检验及评定规程 第 16 部分:1 kV 及以下配线工程施工质量检验》。

(2)DL/T 5190.5—2004《电力建设施工及验收技术规范 第 5 部分:热工自动化》。

(3)DL/T 5009.1—2002《电力建设安全工作规程 第 1 部分:火力发电厂》。

(4)DL/T 572—1995《电力变压器的规程》。

(5)DL/T 573—1995《电力变压器检修导则》。

(6)DL/T 574—1995《有载分接开关运行维修导则》。

(7)DL/T 596—1996《电力设备预防性试验规程》。

(8)DL/T 727—2012《互感器运行检修导则》。

(9)DL/T 724—2000《电力系统用蓄电池直流电源装置运行与维护技术规程》。

(10)DL/T 804—2014《交流电力系统金属氧化物避雷器使用导则》。

3. 国家电网公司相关文件、规范

（1）《110（66）kV~500 kV 油浸式变压器（电抗器）检修规范》。

（2）《交流高压断路器检修规范》。

（3）《交流高压隔离开关检修规范》。

（4）《110（66）kV~500 kV 互感器检修规范》。

（5）《10 kV~66 kV 干式电抗器检修规范》。

（6）《10 kV~66 kV 消弧线圈装置检修规范》。

（7）《直流电源系统设备检修规范》。

（8）《110（66）kV~750 kV 避雷器检修规范》。

（9）《6 kV~66 kV 并联电容器检修规范》。

（10）《72.5 kV 及以上电压等级支柱瓷绝缘子检修规范》。

3.1　变压器检修定额管理

1. 变压器检修定额编制说明

1）定额编制内容与范围

本定额适用于 10~750 kV 变压器（电抗器、消弧线圈）的检修工作，主要为国家电网有限公司变压器（电抗器、消弧线圈）设备检修规范的工作内容。

本定额适用于变压器（电抗器、消弧线圈）的检修工作，包含变压器综合检修、分项检修两部分内容，分项检修又分为本体检修、附件检修两部分内容。

2）定额中工作量的计算规则

综合检修对应定额子目中 10~220 kV 针对三相变压器、500 kV 针对单相变压器的检修工作编制。如 500 kV 三相变压器检修，考虑到工作量的差异，套用定额时应取系数 1.8；如同一变电站有两台及以上单相变压器同时检修，套用定额时，每台均应取系数 0.8。

综合检修对应定额子目针对两绕组变压器的检修工作编制，如三绕组变压器检修，应取系数 1.1。

干式变压器如果带有保护外罩，套用检修定额时，对应定额子目的人工和机械费均应取系数 1.2。

由于超高压设备对绝缘油的质量要求提高，油过滤采用的手段发生变化，将 220 kV 以下设备的油过滤与 220~500 kV 设备的油过滤分列子目编制。油罐的使用费已经摊入油过滤定额内。油过滤定额按每过滤 1 t 合格油所需消耗量考虑，不论过滤多少次，直至合格为止。

本定额在编制时，分项检修对应定额子目均按分项工作内容单独进行考虑，如同一地点多项检修工作同时开展，考虑到工作效率的提高，套用定额时应取系数进行平衡。

（1）当某台变压器实际检修内容为多项（大于或等于 4 项）分项检修对应定额子目内容

时,套用相应分项检修对应定额子目时,人工、机械费应取系数 0.8。如对某变电站变压器附件进行检修,检修套管、储油柜、温度计、散热片等内容,则套用对应定额子目时,其人工、机械费均应取系数 0.8。

（2）当同一变电站进行检修,同一检修对应定额子目的对象为多个时（如油泵、温度计等）,除非对应定额子目另有说明,否则按以下原则选用对应定额子目:第一台取系数 1.0,此后增加的台数均应取系数 0.5。

（3）当实际检修内容为综合常规检修与部分常规检修之外的分项检修项目时,可分别套用综合常规检修与分项检修对应定额子目,套用综合常规检修不需要取系数,套用分项检修对应定额子目时,应取系数 0.8。

当实际检修内容与综合检修对应定额子目（常规检修或解体大修）主要内容一致时,应直接套用综合检修对应定额子目,不可分别套用多项分项检修对应定额子目。

本定额变压器容量按常见容量划分,部分变压器容量没有考虑,如实际检修变压器容量与对应定额子目的容量不符,应套用本电压等级上一级容量的对应定额子目。

"绕组检查""引线及绝缘检查"对应定额子目的计量单位为"组／三相",主要针对三绕组变压器的检修工作编制。如两绕组变压器套用该对应定额子目,应取系数 0.8;如 500 kV 单相变压器的相应工作套用对应定额子目,应取系数 0.8。

本定额计量单位为"台（变压器）"的子目,10~220 kV 指三相变压器,500 kV 指单相变压器,如 500 kV 三相变压器检修,则应取系数 1.8。各对应定额子目中检修计量单位有不明确的应以此为原则,在不违反本原则的前提下,使用时应以各对应定额子目的计量单位为准。

当工作需要同时吊芯、吊罩时（钟罩式变压器进行吊罩检修时,发现铁芯底部接地,需吊芯进行处理）,人工、机械费应乘以系数 2。

3）定额未包括的工作内容

没有考虑本体试验、保护装置调试、局部放电试验、油试验等试验工作,此类工作可以套用本检修定额相关章节内容。

没有考虑变压器本体及附件、端子箱的整体防腐喷漆工作,此类工作可以套用地方相应防腐定额。

没有考虑变压器在线监测、充氮灭火、喷淋灭火等特殊装置的检修工作。

解体检修对应定额子目主要指现场解体检修,包含变压器解体检修的全部内容（详见对应定额子目工作内容说明）,不适用于变压器返厂检修,未考虑变压器干燥处理工作内容。

4）其他说明

本定额变压器容量按常见容量划分,部分变压器容量没有考虑,如实际检修变压器容量与对应定额子目的容量不符,应套用本电压等级上一级容量的对应定额子目。

箱式、干式变压器基本为免维护产品,在日常检修工作中基本不进行解体检修,故该类设备未考虑解体检修,其常规检修工作参考同电压等级、同容量变压器常规检修定额。如在实际检修工作中需要进行解体检修,则按实际发生费用进行结算。

高压油浸式电抗器的检修工作,由于检修工作量与同电压等级、同容量变压器检修基本一致,故使用时参考同电压等级、同容量变压器检修定额。

由于消弧线圈的容量与变压器的容量没有可比性,故消弧线圈的检修工作不区分设备容量,参考同电压等级、最小容量的变压器检修定额。

2. 变压器检修定额分类

变压器检修定额按照工作内容分为两类,具体见表 3-1。

表 3-1　变压器检修定额条目分类

序号	项目	工作内容
1.1	变压器综合检修	
1.1.1	变压器常规综合检修	油箱常规检修;接地系统检修;有载分接开关附件检修;电动机构检修;手柄操动机构检修;散热片检修、清洗;冷却器检修;纯瓷套管检修;油纸套管检修;套管电流互感器检修;油泵检修;风机检修;油流继电器检修;储油柜检修;油位计检修;压力释放阀检修;安全气道检修;气体继电器检修;压力式温度计检修;净油器检修;吸湿器检修;本体二次端子箱检修;冷却器总控制箱检修;冷却器分控制箱检修;缺陷处理
1.1.2	变压器解体综合检修	吊罩、吊芯检修;绕组检修;引线及绝缘架检修;铁芯检修;油箱常规检修;油箱内部检修;变压器油过滤;变压器加、放油;接地系统检修;有载分接开关本体吊芯检修;有载分接开关附件检修;无载分接开关本体吊芯检修;电动机构检修;手柄操动机构检修;散热片检修、清洗;冷却器检修;纯瓷套管检修;油纸套管检修;套管电流互感器检修;油泵检修;风机检修;油流继电器检修;储油柜检修;油位计检修;压力释放阀检修;气体继电器检修;突发压力继电器检修、更换;压力式温度计检修;净油器检修;吸湿器检修;安全气道检修;本体二次端子箱检修
1.2	变压器分项检修	
1.2.1	变压器本体检修	
1.2.1.1	变压器器身检修	其中,绕组检修包括检查、调整相间隔板和围屏、油道、各部垫块、绕组,检测绝缘状态;引线及绝缘架检修包括绝缘包扎、引线检修,检查焊接情况,补焊,检测绝缘距离,紧固螺栓;铁芯检修包括铁芯、铁芯紧固件、压钉、压板及接地片检查、测量,检查、清洁铁芯表面,铁芯结构紧固,铁芯绝缘检测,电(磁)屏蔽试验;变压器干燥包括准备、干燥及维护,配合电气试验,清扫收尾及注油;吊罩、吊芯检修包括吊罩、吊芯前准备,吊罩、吊芯,检修钟罩
1.2.1.2	油箱检修	其中,油箱常规检修包括检修外表面焊缝和清洁度、器身定位钉、法兰;油箱内部检修包括检修磁(电)屏蔽、结构件、导油管、密封胶垫,密封试验,变压器油过滤,变压器加油、放油;接地系统检修包括接地电阻测量,检测接地极锈蚀情况及处理
1.2.2	附件检修	
1.2.2.1	有载分接开关检修	其中,有载分接开关本体吊芯检修包括切换开关、分接选择器、转换选择器、连接导线、绝缘杆、紧固件、传动机构检修,紧固放油螺栓;有载分接开关附件检修包括垂直与水平传动轴、油流控制继电器或气体继电器检修,清洗储油柜,检查齿轮盒密封情况及处理;电动机构检修包括连线接头、电动机构检修,检查位置指示、熔丝、连锁、紧急脱扣、电源相序、操作指示正确性,转差平衡调试,缺陷处理;有载切换开关更换包括有载切换开关拆、装、检修

序号	项目	工作内容
1.2.2.2	无载分接开关检修	其中,无载分接开关本体吊芯检修包括本体、触头接触电阻、分接线检修,检查绝缘件完整性、清洁度、绝缘性能,压力试验,缺陷处理;手柄操动机构检修包括检查操作灵活性、指示正确性、检查定位、接触情况,缺陷处理;无载分接开关更换包括无载分接开关拆、装、检修
1.2.2.3	冷却装置检修	其中,散热片检查、清洗工包括检查焊缝质量,清洗;散热片更换包括散热片的拆、装、检查;冷却器检修包括检查焊缝质量、清洁度,检查有无不正常的噪声和振动、冷却管道密封和通畅,缺陷处理;冷却器更换包括冷却器拆、装、检查
1.2.2.4	套管检修	其中,纯瓷套管检修包括检查外表面完整性和清洁度、导电杆完整性、密封性能,缺陷处理;纯瓷套管更换包括纯瓷套管拆、装、检查;油纸套管检修包括检查外表面完整性和清洁度,检查末屏端子、油位,缺陷处理;油纸套更换包括油纸套管拆、装、检查
1.2.2.5	套管电流互感器检修	其中,套管电流互感器检修包括检查引出线标志正确性、密封性能,检查连接端子完整性,缺陷处理;套管电流互感器更换包括套管电流互感器拆、装、检查
1.2.2.6	油泵检修、更换	检查叶轮、轴承、引线、绕组、油泵滤网、油路;检查接线盒完整性和清洁度,缺陷处理
1.2.2.7	风机检修、更换	检查叶轮、轴承、接线盒可靠性、完整性和清洁度,缺陷处理
1.2.2.8	油流继电器检修、更换	检查挡板、弹簧、指针、微动开关,检查绝缘电阻,缺陷处理
1.2.2.9	储油柜检修	其中,胶囊式储油柜检修、更换包括检查清洁度、油位、管道、胶囊密封性能,缺陷处理;隔膜式储油柜检修、更换包括检查清洁度、油位、管道、隔膜密封性能,缺陷处理
1.2.2.10	保护及其他附件检修	其中,油位计检修、更换包括检查完整性、灵活性、指示正确性,检修绝缘、渗漏情况,缺陷处理;压力释放阀检修、更换包括检查清洁度、完整性,检查绝缘、渗漏情况,缺陷处理;气体继电器检修、更换包括检查完整性、清洁度,检查绝缘、渗漏情况,缺陷处理;压力式温度计检修、更换包括检查指示、接线正确性,检查表座内是否有变压器油,缺陷处理;热电阻温度计检修、更换包括检查指示、接线正确性,检查表座内是否有变压器油,缺陷处理;突发压力继电器检修、更换包括检查指示正确性、本体完整性,检查二次回路,缺陷处理;净油器检修、更换包括检查滤网,检查密封性,检查吸附剂是否变色,缺陷处理;吸湿器检修、更换包括检查完整性、清洁度、密封性,检查吸附剂是否变色,缺陷处理;本体二次端子箱检修、更换包括检查表面油漆、清洁度、锈蚀度、密封性,检查绝缘电阻,缺陷处理;冷却器总控制箱检修、更换包括检查表面油漆、清洁度、锈蚀度、密封性,检查电磁开关、热继电器触点、信号灯,检查绝缘电阻,缺陷处理;冷却器分控制箱检修、更换包括检查表面油漆、清洁度、锈蚀度、密封性,检查电磁开关、热继电器触点、信号灯,检查绝缘电阻,缺陷处理

3.2　开关类设备检修定额管理

1. 开关类设备检修定额编制说明

1)定额编制内容与范围

本定额适用于 10~750 kV 断路器、隔离开关的检修工作,主要为国家电网有限公司开关类(断路器、隔离开关)设备检修规范的工作内容。

本定额共 3 节 312 个子目,适用于开关类(断路器、隔离开关)设备的检修工作,主要分为断路器本体、断路器操动机构、隔离开关三节内容,每节又分为综合检修和分项检修两部分对应定额子目。

2）定额中工作量的计算规则

户外设备安装在户内时，其人工定额应取系数 1.1。

SF_6 全封闭组合电器（GIS）安装高度在 10 m 以上时，其人工定额应取系数 1.05，机械定额应取系数 1.20。

双柱式断路器检修，套用柱式断路器相应电压等级对应定额子目时，应取系数 1.6。户内隔离开关传动装置需配延长轴时，其人工费应取系数 1.1。

实际检修内容为多项（大于或等于 3 项）分项检修对应定额子目内容，套用相应分项检修对应定额子目时，人工、机械费应取系数 0.8。如某 110 kV 电压等级的 GIS 全封闭间隔检修，内容为避雷器检修、电压互感器检修、SF_6 气体处理、SF_6 气体系统检修，则套用定额 JD2-168、JD2-162，JD2-180、JD2-114，其对应定额子目的人工、机械费应取系数 0.8。

实际检修内容为综合常规检修与部分常规检修之外的分项检修项目时，可分别套用综合常规检修与分项检修对应定额子目，套用综合常规检修不需要取系数，套用分项检修对应定额子目时，应取系数 0.8。分相操动机构三相同时检修，可套用相应操动机构检修对应定额子目，应取系数 1.8。

单柱或单相隔离开关检修，可套用相应电压等级的双柱隔离开关对应定额子目，取系数 0.6。如隔离开关 GW13-63 W 是一组额定电压为 63 kV、户外双柱式单相隔离开关，常规综合检修时，套用定额 JD2-233，并取系数 0.6。

半高型、高型布置的隔离开关检修，套用相应电压等级对应定额子目时，其人工、机械费应取系数 1.2。如隔离开关 GW7-110DW 是一组额定电压为 110 kV、带单接地的户外三柱式三相隔离开关，半高层布置，常规综合检修时，套用定额 JD2-216，同时其人工、机械费取系数 1.2。机构、传动部分及接地开关检修时，套用定额 JD2-224，同时其人工、机械费取系数 1.2。

组合式隔离开关检修，套用相应电压等级对应定额子目，为双隔离开关组合时，应取系数 1.8；为单隔离开关与互感器组合时，其人工、机械费应取系数 0.9。户内隔离开关传动装置需配延长轴时，其人工费应取系数 1.1。

本定额中"带接地"是指单接地，如双接地隔离开关检修，套用相应电压等级对应定额子目时，应取系数 1.05。

双柱式断路器检修，套用柱式断路器相应电压等级对应定额子目时，应取系数 1.6。

本对应定额子目中 220 kV、500 kV、750 kV 按柱式 SF_6 断路器检修考虑，如为罐式 SF_6 断路器，则应取系数 1.5。

开关柜的检修（包括柜内母线、柜内穿墙套管、触头盒、罩盒、接地开关、机械联动部分、五防连锁部分的检修），套用相应电压等级断路器常规检修定额，并取系数 2.0。

3）定额未包括的工作内容

未包括断路器及隔离开关电气试验项目，此类工作可以套用本检修定额相关章节内容。

本定额仅考虑局部补漆，设备本体及构支架、附件、端子箱的防腐和喷漆工程应套用防腐定额。

4)其他说明

断路器根据灭弧介质以及结构的不同分为 SF_6 断路器、真空断路器、少油断路器及 SF_6 组合电器,断路器操动机构分为液压操动机构、气动操动机构、弹簧操动机构以及电磁操动机构。断路器按结构、电压等级分子目,以"台"为计量单位,三相为一台。

隔离开关根据设备类型分为户内和户外型,户外型分为户外三柱式、户外双柱式、户外组合式以及户外折臂式隔离开关。隔离开关按设备类型、电压等级、绝缘子柱数以及接地情况分子目,以"组"为计量单位,三相为一组。

本定额针对各类型设备不同电流等级进行了综合分类测算,使用时不再区分电流等级。

GIS 定额按不同电压等级以"间隔"为计量单位,按进线、出线、母联断路器、母设等间隔综合考虑,使用时不再区分。解体检修项目中以"气室"为计量单位,如母线检修、SF_6 气体处理;内置设备的检修以"台"为计量单位,如避雷器、互感器、隔离开关检修,分相组装的三相分别计算。

断路器检修定额按断路器本体及机构的种类分别编制,由于不同型号及厂家的断路器结构及机构的形式不一样,对某种型号的断路器可根据结构及机构形式进行组合。实际检修内容与综合检修对应定额子目(常规检修或解体检修)主要内容一致时,应套用综合检修对应定额子目,不可分别套用多项分项检修对应定额子目。

2. 开关类设备检修定额条目分类

开关类设备检修定额按工作内容分为三类,具体见表 3-2。

表 3-2　开关类设备检修定额条目分类

序号	项目	工作内容
2.1	断路器本体	
2.1.1	SF_6 断路器本体检修	
2.1.1.1	SF_6 断路器本体综合检修	SF_6 断路器本体常规检修包括三相导线线夹紧固检修;瓷套检查及清洁;机构箱清洁检修;控制箱内照明及加热器工作情况检查;二次接线检查;液压(空压)系统检修;辅助开关检修;液压油(压缩机)油质和油位检查;SF_6 气体压力检查;压力开关的机械动作及压力值检查;断路器功能检查;机构及传动部分检查;二次回路绝缘检查;缺陷处理;机械特性试验;配合预防性试验。 SF_6 断路器本体解体检修包括 SF_6 断路器本体解体检修;弧触头和喷口检修;绝缘件检修;合闸电阻检修;灭弧室内并联电容器(罐式)检修;压气缸检修;SF_6 气体系统检修;SF_6 气体处理;操动机构检修;缺陷处理

序号	项目	工作内容
2.1.1.2	SF$_6$断路器本体分项检修	瓷套(柱式断路器)或套管(罐式断路器)检修包括检查均压环、瓷件内外表面、主接线板、法兰密封面、柱式断路器并联电容器和并联电阻,更换缺陷部件;拆装调试。 灭弧室检修包括弧触头和喷口检修,包括零部件磨损与烧损情况检查,吸附剂的更换,瓷套拆装、内部检查,更换缺陷部件,拆装调试;绝缘件检修包括绝缘拉杆、绝缘件表面情况检查,吸附剂的更换,中间机构箱检修,更换缺陷部件,拆装调试;合闸电阻检修包括检查电阻片外观,测量每极合闸电阻阻值,合闸电阻动、静触头检修,更换缺陷部件,拆装调试;灭弧室内并联电容器(罐式)检修包括检查并联电容器的紧固件是否松动,配合进行电容量测试和介损测试,更换缺陷部件,拆装调试;压气缸检修包括检查压气缸等部件,更换缺陷部件,拆装调试;套管内电流互感器(罐式)检修包括套管内电流互感器检查、更换。 SF$_6$气体系统检修包括SF$_6$充放气逆止阀检修,更换逆止阀密封圈,检查顶杆和阀心;对管路接头进行检查和检漏;对SF$_6$密度继电器整定值进行校验,对防爆阀进行检查,对压力表进行检查和整定。 SF$_6$气体处理包括SF$_6$气体回收、净化处理;对断路器抽真空、充氮气、再抽真空、再充SF$_6$气体,配合SF$_6$气体测试;对断路器进行检漏
2.1.2	真空断路器本体检修	
2.1.2.1	真空断路器本体综合检修	真空断路器本体常规检修包括三相引线紧固检查;绝缘件检查及清洁;机构箱清洁检修,二次接线检查;辅助开关维护;线圈电阻测量;断路器功能检查;机构及传动部分检修;二次回路绝缘检查;机械特性试验;缺陷处理;配合预防性试验。 真空断路器本体解体检修包括真空断路器本体解体检修,真空灭弧室更换,真空灭弧室拆、装、调试,缺陷处理;操作机构检查
2.1.2.2	真空断路器本体分项检修	真空断路器本体分项检修包括配合测量真空灭弧室的真空度,配合测量真空灭弧室的导电回路电阻,检查真空灭弧室电寿命标志点是否到达,测量触头的分闸及超行程,配合对真空灭弧室进行分闸状态下耐压试验;检修绝缘拉杆,检查和检修所有转轴,检查和清扫开关本体,检查和检修柜体及闭锁,检查、清扫和检修柜体内设备;更换缺陷部件,拆装调试。 真空灭弧室更换包括真空灭弧室拆、装、调试
2.1.3	少油断路器本体检修	
2.1.3.1	少油断路器本体综合检修	少油断路器本体常规检修包括瓷套检查及清洁;引线、导电板、软连接、帽盖、并联电容器的固定螺栓检修;法兰盘连接螺栓、地脚螺栓、接地螺栓检查;油位指示器、油门、各管接头检修、清扫;连杆、各轴销维修,并涂润滑油;断路器油位检查,绝缘油添补;合闸弹簧检查;线圈电阻测量;断路器功能检查;机构及传动部分检修;二次回路绝缘检查;机械特性试验;配合预防性试验;缺陷处理。 少油断路器本体解体检修包括少油断路器本体解体检修;灭弧单元及导电系统解体检修;中间机构箱解体检修;支持瓷套及绝缘拉杆系统检修;主轴、传动装置、水平连杆及放油阀分解检修;操动机构检修;缺陷处理
2.1.3.2	少油断路器本体分项检修	灭弧单元及导电系统检修包括检查排气阀,检查压油活塞,检查灭弧片烧损情况,检查玻璃钢筒壁及螺纹,检修上静触头,检查、清洗动触头,检修中间触头、滚动触头和灭弧单元基座,检查铝帽及灭弧瓷套,检查灭弧室,检查并联电容器;更换缺陷部件,拆装调试。 中间机构箱检修包括检查连板、拐臂及主轴,调整中间机构箱上衬垫,检查分闸缓冲器;更换缺陷部件,拆装调试。 支持瓷套及绝缘拉杆系统检修包括检查支持瓷套内、外表面及结合面,检查绝缘拉杆及两端金具,检查各接线端;更换缺陷部件,拆装调试。 主轴、传动装置、水平连杆及放油阀分解检修包括检查主轴、传动装置及水平连杆,检查放油阀,更换缺陷部件,拆装调试
2.1.4	SF$_6$全封闭组合电器(GIS.H-GIS)检修	

序号	项目	工作内容
2.1.4.1	SF$_6$ 全封闭组合电器综合检修	SF$_6$ 全封闭组合电器常规检修包括清扫 GIS 外壳、汇控柜、机构箱、端子箱;检测各 SF$_6$ 气体湿度、压力、补气;检查断路器、隔离开关及接地开关的位置是否正确;检修操动机构的传动部分,必要时加润滑油;检查操动机构压力整定值;更换压缩机油;清洁、检修机构箱,维护控制箱内照明及加热器;检查二次接线;检查二次回路绝缘;维护液压(空压)系统;维护辅助开关;检查液压油(压缩机)油质和油位;测量线圈电阻;检查断路器功能;机械特性试验;缺陷处理;配合预防性试验。 SF$_6$ 全封闭组合电器解体检修包括检修导电杆及连接部分,检修盆式绝缘子,吸附剂的更换;维修检查辅助开关;检查或校验压力表、压力开关、密度继电器;检修 SF$_6$ 充放气止回阀,更换止回阀密封圈;检查顶杆和阀心,对管路接头进行检查和检漏;机械特性试验;检查传动部位及齿轮等的磨损情况;检查各种外露连杆的紧固情况;对传动部件添加润滑剂;断路器的机械特性测试;零部件磨损及烧损情况检查,吸附剂的更换,绝缘拉杆、绝缘件表面情况检查,吸附剂的更换;检查压气缸等部件;更换缺陷部件,拆装调试;主触头的检修,触头弹簧的检修;轴承、轴套、轴销的检修,传动部件的检修
2.1.4.2	SF$_6$ 全封闭组合电器分项检修	母线检修包括导电杆及连接部分检修,盆式绝缘子检修,吸附剂的更换;更换缺陷部件,拆装调试。 SF$_6$ 气体系统检修包括维修、检查辅助开关;检查或校验压力表、压力开关、密度继电器;检修 SF$_6$ 充放气逆止阀,更换逆止阀密封圈;检查顶杆和阀心,对管路接头进行检查和检漏;更换缺陷部件,拆装调试。 开关传动部分检修包括检查传动部位及齿轮等的磨损情况;检查各种外露连杆的紧固情况;对传动部件添加润滑剂;断路器的机械特性测试;更换缺陷部件,拆装调试。 开关灭弧室弧触头和喷口检修包括零部件磨损及烧损情况检查,吸附剂的更换;更换缺陷部件,拆装调试。 开关绝缘件检修包括绝缘拉杆、绝缘件表面情况检查,吸附剂的更换;更换缺陷部件,拆装调试。 开关压气缸检修包括检查压气缸等部件;更换缺陷部件,拆装调试。 隔离开关导电部分检修包括主触头的检修,触头弹簧的检修;更换缺陷部件,拆装调试。 接地开关导电部分检修包括触头的检修,触头弹簧的检修;更换缺陷部件,拆装调试。 隔离开关、接地开关操动机构、传动部分检修包括轴承、轴套、轴销的检修,传动部件的检修;机构箱检查,辅助开关及二次元件检查,机构输出轴的检查,主开关和接地开关的连锁检修;更换缺陷部件,拆装调试。 互感器检修包括更换缺陷部件,拆装调试。 避雷器检修包括更换缺陷部件,拆装调试。 其他部分检修包括检查接地装置;清扫、检查套管、GIS 外壳;对压缩空气系统排污;除锈补漆;更换缺陷部件,拆装调试。 气体处理包括 SF$_6$ 气体回收、净化处理;GIS 气室抽真空、充 SF$_6$ 气体;配合 SF$_6$ 气体测试,GIS 检漏
2.2	断路器操动机构	
2.2.1	液压机构检修	
2.2.1.1	液压操动机构综合检修	液压操动机构常规检修包括检查机构箱,检查传动连杆及外露零件,检查辅助开关,检查分合闸指示器,检查二次接线,检查油压表,检查操作计数器,检查电机情况,检查液压机构氮气的预充压力及各压力触点的整定值,机构箱清洁检查,控制箱内照明及加热器工作情况,检查液压油油质和油位;缺陷处理。 液压操动机构解体检修包括操动机构解体检修,储压筒解体检修,阀系解体检修,工作缸解体检修,油泵及电机检修,油箱及管路检修,加热和温控装置检修,缺陷处理

序号	项目	工作内容
2.2.1.2	液压操动机构分项检修	储压筒检修包括检查储压筒内壁及活塞表面,检查活塞杆,检查止回阀,检查铜压圈、垫阀,拆装及充氮气;更换缺陷部件,拆装调试。 阀系统检修包括检修分、合闸电磁铁,检修分、合闸阀,检修高压放油阀(截流阀),检查安全阀,补充过滤液压油;更换缺陷部件,拆装调试。 工作缸检修包括检查缸体、活塞及活塞杆,检查管接头,组装工作缸;更换缺陷部件,拆装调试。 油泵及电机检修包括检修油泵,检修电动机。 油箱及管路检修包括清洗油箱及滤油器,清洗、检查连接管路;更换缺陷部件,拆装调试。 加热和温控装置检修包括检查加热装置,检查温控装置;更换缺陷部件,拆装调试
2.2.2	气动机构检修	
2.2.2.1	气动操动机构综合检修	气动操动机构常规检修包括检查机构箱,检查传动连杆及外露零件,检查辅助开关,检查分合闸指示器,检查二次接线,检查空气压力表,检查操动计数器;检查电动机情况,检查空气压力开关触点的整定值,机构箱清洁检查,检查控制箱内照明及加热器工作情况,检查空气压缩机油质和油位;缺陷处理。 气动操动机构解体检修包括操动机构解体检修,储气罐解体检修,电磁阀系统解体检修,工作缸解体检修,缓冲器和传动部分检修,合闸弹簧检修,压缩机及电动机检修,压缩空气管路检修,加热和温控装置检修,缺陷处理
2.2.2.2	气动操动机构分项检修	储气罐检修包括检查、清洗储气罐,清理密封面,更换所有密封件。更换缺陷部件;拆装调试。 电磁阀系统检修包括分、合闸电磁铁检修,分闸一、二级阀检修,主阀体检修,检查安全阀,更换缺陷部件,拆装调试。 工作缸检修包括检查缸体、活塞及活塞杆,组装工作缸;更换缺陷部件,拆装调试。 缓冲器和传动部分检修包括缓冲器检修,传动部分检查;更换缺陷部件,拆装调试。 合闸弹簧检修包括合闸弹簧的检查、检修及调整;更换缺陷部件,拆装调试。 压缩机及电机检修包括压缩机的检修,气水分离器及自动排污阀的检查,电动机的检修;更换缺陷部件,拆装调试。 压缩空气管路检修包括检查、清洗连接管路,阀门检修。 加热和温控装置检修包括检查加热装置,检查温控装置;更换缺陷部件,拆装调试
2.2.3	弹簧机构检修	
2.2.3.1	弹簧操动机构常规检修	检查机构箱,检查清理电磁铁扣板、掣子,检查传动连杆及其他外露零件,检查辅助开关,检查分合闸弹簧,检查分合闸缓冲器,检查分合闸指示器,检查二次接线,检查储能开关,检查储能电机,机构箱清洁检查,缺陷处理
2.2.3.2	储能及合闸传动系统检修	储能及合闸传动系统分解检修、拆装调试
2.2.3.3	分闸脱扣系统检修	分闸脱扣系统分解、清洗检查、拆装调试
2.2.4	电磁机构检修	
2.2.4.1	电磁操动机构常规检修	检查机构箱,检查清理电磁铁,检查传动连杆及其他外露零件,检查辅助开关,检查分闸弹簧,检查分合闸指示器,检查二次接线,检查合闸接触器,缺陷处理
2.2.4.2	电磁操动机构分解检修	联板系统、合闸电磁铁、分闸电磁铁、辅助开关、合闸接触器分解检修、拆装调试
2.3	隔离开关	
2.3.1	户内隔离开关检修	

序号	项目	工作内容
2.3.1.1	户内隔离开关综合检修	户内隔离开关常规综合检修包括三相引线接线端子紧固检查;导电部分主触头检修,瓷套检查及清洁;隔离开关分合闸功能检查;操动机构、传动机构清扫及检修;检查转动部分是否灵活;对所有转动摩擦部位加润滑油;辅助开关及二次元件检查;防误联锁检查,缺陷处理。 户内隔离开关解体综合检修包括三相引线接线端子紧固检查;触头弹簧检修,导电臂检修,接线座检修;更换缺陷部件,拆装调试;传动部件检修,辅助开关及二次元件检查,机构输出轴检查,主断路器和接地开关联锁检修;导电部分主触头检修,瓷套检查及清洁;隔离开关分合闸功能检查;操动机构、传动机构清扫及检查;检查转动部分是否灵活;对所有转动摩擦部位加润滑油;辅助开关及二次元件检查;防误连锁检查;绝缘子检查、清扫,缺陷处理
2.3.1.2	户内隔离开关分项检修	导电部分检修包括主触头的检修,触头弹簧的检修,导电臂的检修,接线座的检修;更换缺陷部件,拆装调试。 机构和传动部分检修包括轴承座的检修,轴套、轴销的检修,传动部件的检修,机构箱检查,辅助开关及二次元件检查,机构输出轴的检查,主断路器和接地开关的连锁检修;更换缺陷部件,拆装调试。 绝缘子检修包括绝缘子检查、清扫;更换缺陷部件,拆装调试
2.3.2	户外曲臂式隔离开关检修	
2.3.2.1	户外曲臂式隔离开关综合检修	户外曲臂式隔离开关常规综合检修包括检查动、静触头接触情况;检查橡皮垫和玻璃纤维防雨罩的密封情况;检查导电带、动触头片、动触头座等部件的连接情况;测量隔离开关主回路和接地开关回路的直流电阻;清扫及检查转动绝缘子和支持绝缘子;检查(并紧固)所有连接件的轴销和螺栓,检查防误连锁情况;清扫及检查操动机构、传动机构;检查转动部分是否灵活;检查辅助开关及二次元件;对齿轮等所有相对运动的部件添加润滑油,缺陷处理。 户外曲臂式隔离开关解体综合检修包括检查动、静触头接触情况;静触头、动触头的检修;导电臂的检修;接线底座检修;检查橡皮垫和玻璃纤维防雨罩的密封情况;检查导电带、动触头片、动触头座等部件的连接情况;接地开关与组合底座的检修;传动系统的检修;操动机构及二次回路的检修;防误联锁检修;测量隔离开关主回路和接地开关回路的直流电阻;清扫及检查转动绝缘子和支持绝缘子;转动绝缘子、支持绝缘子的检修;检查(并紧固)所有连接件的轴销和螺栓;检查防误联锁情况;清扫及检查操动机构、传动机构;检查转动部分是否灵活;检查辅助开关及二次元件;对齿轮等所有相对运动的部件添加润滑油,缺陷处理
2.3.2.2	户外曲臂式隔离开关分项检修	导电部分检修包括静触头、动触头的检修;导电臂的检修;接线底座的检修;更换缺陷部件,拆装调试。 机构、传动部分及接地开关检修包括接地开关与组合底座的检修;传动系统的检修;操动机构及二次回路的检修;防误联锁检修;更换缺陷部件,拆装调试。 绝缘子检修包括转动绝缘子、支持绝缘子的检修;更换缺陷部件,拆装调试
2.3.3	户外三柱式隔离开关检修	

序号	项目	工作内容
2.3.3.1	户外三柱式隔离开关综合检修	户外三柱式隔离开关常规综合检修包括检查动、静触头接触情况;检查出线座导电部分部件的连接情况;配合测量隔离开关主回路和接地开关回路的直流电阻;清扫及检查支持瓷柱;检查(并紧固)所有连接件的轴销和螺栓;检查防误联锁情况;清扫及检查操动机构、传动机构;检查转动部分是否灵活;对所有转动摩擦部位加润滑油,缺陷处理。 户外三柱式隔离开关解体综合检修包括检查动、静触头接触情况;主触头的检修,触指及弹簧的检修,导电臂的检修,出线座的检修;检查出线座导电部分部件的连接情况;配合测量隔离开关主回路和接地开关回路的直流电阻;清扫及检查支持瓷柱;检查(并紧固)所有连接件的轴销和螺栓;检查防误联锁情况;清扫及检查操动机构、传动机构;检查转动部分是否灵活;对所有转动摩擦部位加润滑油,轴承座的检修,传动部分的检修,操动机构及二次回路的检修;接地开关检修;防误连锁检修;支持瓷柱的检修,更换缺陷部件,拆装调试
2.3.3.2	户外三柱式隔离开关分项检修	导电部分检修包括主触头的检修,触指及弹簧的检修,导电臂的检修,出线座的检修;更换缺陷部件,拆装调试。 机构、传动部分及接地开关检修包括轴承座的检修,传动部分的检修,操动机构及二次回路的检修;接地开关检修;防误连锁检修;更换缺陷部件,拆装调试。 绝缘子检修包括支持瓷柱的检修;更换缺陷部件,拆装调试
2.3.4	户外双柱式隔离开关检修	
2.3.4.1	户外双柱式隔离开关综合检修	户外双柱式隔离开关常规综合检修包括检查动、静触头接触情况;检查出线座导电部分部件的连接情况;测量隔离开关主回路和接地开关回路的直流电阻;清扫及检查支持瓷柱;检查(并紧固)所有连接件的轴销和螺栓;检查防误联锁情况;清扫及检查操动机构、传动机构;检查转动部分是否灵活;对所有转动摩擦部位加润滑油,缺陷处理。 户外双柱式隔离开关解体综合检修包括检查动、静触头接触情况;检查出线座导电部分部件的连接情况;主触头的检修,触指及弹簧的检修,导电臂的检修,出线座的检修;测量隔离开关主回路和接地开关回路的直流电阻;清扫及检查支持瓷柱;检查(并紧固)所有连接件的轴销和螺栓;检查防误联锁情况;清扫及检查操动机构、传动机构;检查转动部分是否灵活;对所有转动摩擦部位加润滑油,轴承座的检修,传动部分的检修,操动机构及二次回路的检修;接地开关检修;防误连锁检修;支持瓷柱的检修;更换缺陷部件,拆装调试
2.3.4.2	户外双柱式隔离开关分项检修	导电部分检修包括主触头的检修,触指及弹簧的检修,导电臂的检修,出线座的检修;更换缺陷部件,拆装调试。 机构、传动部分及接地开关检修包括轴承座的检修,传动部分的检修,操动机构及二次回路的检修;接地开关检修;防误联锁检修;更换缺陷部件,拆装调试。 绝缘子检修包括支持瓷柱的检修;更换缺陷部件,拆装调试

3.3　四小器检修定额

1. 四小器检修定额编制说明

1)定额编制内容与范围

本定额适用于 10~500 kV 电流互感器、电压互感器、避雷器、电容器的检修工作,主要为国家电网有限公司电流互感器、电压互感器、避雷器、电容器设备检修规范的工作内容。

本定额共 12 节 159 个子目,按电流互感器、电压互感器、避雷器、电容器的不同形式分为 12 节,主要为四小器设备的常规检修、附件单体检修、更换等工作,每节又分为综合检修和分项检修两部分。

2)定额中工作量的计算规则

户内安装的 110 kV 及以上电流近感器电压互感器、避雷器、电容器进行检修时,人工定额应乘以系数 1.3。

本定额在编制时,检修对应定额子目均按子目工作内容单独考虑,如同一地点多项检修工作同时开展,应取系数平衡。

(1)当附件单体检修达到 3 项(包括 3 项)时,套用相应分项检修对应定额子目时,人工、机械费应取系数 0.8。如对油浸正立式电流互感器检修,取油样、导电部分检修、金属膨胀器检修等内容,则取对应定额子目时,对应定额子目的人工、机械费均应取系数 0.8。

(2)当实际检修内容与综合检修对应定额子目主要内容一致时,应直接套用综合检修对应定额子目,不可分别套用多项分项检修对应定额子目。

(3)当实际检修内容为综合常规检修与部分常规检修之外的分项检修项目(如进行金属膨胀器检修或油处理等工作)时,可分别套用综合常规检修与分项检修对应定额子目,套用综合常规检修不需要取系数,套用分项检修对应定额子目时,人工、机械费应取系数 0.8。

3)定额未包括的工作内容

未考虑检修中涉及的二次接线、校验及试验内容,此类工作可以套用本检修定额相关章节定额。

未考虑 500 kV 串联补偿电容器的检修工作。

未考虑 SF_6 组合电器内的互感器、避雷器等设备的检修工作,此类工作可以套用本检修定额相关对应定额子目。

4)其他说明

本定额内"××设备拆装"指返厂或返车间检修的设备拆除、安装工作。

2. 四小器检修定额条目分类

四小器检修定额分为四类,具体见表 3-3。

表 3-3　四小器检修定额条目分类表

序号	项目	工作内容
3.1	电流互感器检修	
3.1.1	油浸正立式电流互感器检修	

序号	项目	工作内容
3.1.1.1	油浸正立式电流互感器综合检修	油浸正立式电流互感器常规综合检修包括设备外部检查及清扫,检查维修膨胀器、储油柜等,检查紧固一次和二次引线连接件,渗漏处理;检查紧固电容屏型电流互感器末屏及调整油位,补漆以及零部件修理与更换,配合试验时拆搭头;清理场地,验收,填写检修报告。 油浸正立式电流互感器解体综合检修包括外部检查及清扫;检查紧固电容屏型电流互感器末屏,补漆以及零部件修理与更换;采取油样;一次绕组引线检查,等电位连线检查,桩头氧化处理;膨胀器密封检查,外罩检查,油位指示检查,压力释放装置检查,渗漏油处理;器身排放绝缘油,一、二次引线接线柱瓷套分解检修,吊起瓷套;检查瓷套及器身,绝缘包扎处理,器身干燥处理,更换所有密封胶垫,油箱清扫、除锈、组装,绝缘油更换或处理及调整油位,一次改变比
3.1.1.2	油浸正立式电流互感器分项检修	取油样包括采取油样。 导电部分检修包括一次绕组引线检查,一次改变比,等电位连线检查;桩头氧化处理;渗漏油处理。 金属膨胀器检修包括密封检查,外罩检查,油位指示检查,压力释放装置检查,渗漏油处理;金属膨胀器更换。 油箱底座检修包括二次接线检查,密封检查,渗漏油处理
3.1.1.3	油浸正立式电流互感器拆装	设备拆、装
3.1.2	油浸倒置式电流互感器检修	
3.1.2.1	油浸倒置式电流互感器综合检修	油浸倒置式电流互感器常规综合检修包括设备外部检查及清扫,检查维修膨胀器、储油柜、呼吸器等,检查紧固一次和二次引线连接件,渗漏处理;检查紧固电容屏型电流互感器末屏及调整油位,补漆以及零部件修理与更换,配合试验时拆搭头;清理场地,验收,填写检修报告
3.1.2.2	油浸倒置式电流互感器分项检修	取油样包括采取油样。 导电部分检修包括一次绕组引线检查,一次改变比,等电位连线检查,桩头氧化处理,渗漏油处理。 金属膨胀器检修包括密封检查,外罩检查,油位指示检查,渗漏油处理。 油箱底座检修包括二次接线检查,电容屏末屏检查,密封检查,渗漏油处理
3.1.2.3	油浸倒置式电流互感器拆装	设备拆、装
3.1.3	SF$_6$电流互感器检修	
3.1.3.1	SF$_6$电流互感器综合检修	SF$_6$电流互感器常规综合检修包括设备外部检查及清扫,防爆膜检查,密度继电器检查,检查紧固一次和二次引线连接件,补气,补漆以及零部件修理与更换,配合试验时拆搭头,必要时补充SF$_6$气体;清理场地,验收,填写检修报告
3.1.3.2	SF$_6$电流互感器分项检修	导电部分检修包括一次绕组引线检查,一次改变比,等电位连线检查,桩头氧化处理。 底座检修包括二次接线检查,电容屏末屏检查,密封检查
3.1.3.3	SF$_6$电流互感器拆装	设备拆、装
3.1.4	环氧浇注式电流互感器检修	
3.1.4.1	环氧浇注式电流互感器常规综合检修	设备外部检查及清扫,检查紧固一次和二次引线连接件,检查铁芯及夹件,补漆,吸尘,检查瓷套外观,配合试验时拆搭头;清理场地,验收,填写检修报告

序号	项目	工作内容
3.1.4.2	环氧浇注式电流互感器拆装	设备拆、装
3.2	电压互感器检修	
3.2.1	电磁式电压互感器（油浸式）检修	
3.2.1.1	电磁式电压互感器（油浸式）综合检修	电磁式电压互感器（油浸式）常规综合检修包括设备外部检查及清扫,检查维修膨胀器、储油柜,检查紧固一次和二次引线连接件,渗漏处理;检查紧固 N（X）接地点,调整油位,补漆以及零部件修理与更换,配合试验时拆搭头,清理场地,验收,填写检修报告。 电磁式电压互感器（油浸式）解体综合检修包括外部检查及清扫;检查紧固电容屏型电流互感器末屏,补漆以及零部件修理与更换,采取油样;一次绕组引线检查,等电位连线检查,桩头氧化处理;膨胀器密封检查,外罩检查,油位指示检查,压力释放装置检查,渗漏油处理;器身排放绝缘油,一次、二次引线接线柱瓷套分解修理,吊起瓷套,检查瓷套及器身,绝缘包扎处理,器身干燥处理,更换所有密封胶垫,油箱清扫、除锈、组装,绝缘油更换或处理及调整油位,一次改变比
3.2.1.2	电磁式电压互感器（油浸式）分项检修	取油样包括采取油样。 导电部分检修包括一次绕组引线检查,桩头氧化处理,渗漏油处理。 金属膨胀器检修包括密封检查,外罩检查,油位指示检查,压力释放装置检查,渗漏油处理。 油箱底座检修包括二次接线检查,密封检查,渗漏油处理。 油处理包括变压器油真空脱气
3.2.1.3	电磁式电压互感器（油浸式）拆装	设备拆、装
3.2.2	电容式电压互感器（耦合电容器）检修	
3.2.2.1	电容式电压互感器（耦合电容器）常规综合检修	设备外部检查及清扫,检查紧固一次（均压环）及电容器连接件,电磁单元渗漏处理,中间变压器油箱补油及补漆,油箱底座二次接线板、放油阀、中压瓷套密封检查,渗漏油处理,配合试验时拆搭头;清理场地,验收,填写检修报告
3.2.2.2	电容式电压互感器（耦合电容器）拆装	设备拆、装
3.2.3	电磁式电压互感器（环氧浇注式）检修	
3.2.3.1	电磁式电压互感器（环氧浇注式）常规综合检修	外部检查及清扫,检查紧固一次和二次引线连接件,检查铁芯及夹件,补漆,吸尘,配合试验拆搭头;清理场地,验收,填写检修报告
3.2.3.2	电磁式电压互感器（环氧浇注式）拆装	设备拆、装
3.3	避雷器检修	
3.3.1	硅橡胶金属氧化物避雷器检修	
3.3.1.1	硅橡胶金属氧化物避雷器常规综合检修	设备一次引线检查,均压环检查,屏蔽环检查,底座支持绝缘子检查,硅橡胶外表检查,在线监测装置检查,接地检查,补漆;清理场地,验收,填写检修报告

序号	项目	工作内容
3.3.1.2	硅橡胶金属氧化物避雷器拆装	设备拆、装
3.3.2	瓷式金属氧化物避雷器检修	
3.3.2.1	瓷式金属氧化物避雷器常规检修	一次引线检查,均压环检查,抽气孔检查,屏蔽环检查,瓷套检查,清扫与修复,底座支持绝缘子检查,在线监测装置检查,接地检查,补漆;清理场地,验收,填写检修报告
3.3.2.2	瓷式金属氧化物避雷器拆装	设备拆、装
3.3.3	避雷器泄漏电流表检修、更换	避雷器泄漏电流表检查、更换
3.4	电容器检修	
3.4.1	并联电容器检修	
3.4.1.1	并联电容器本体检修	一次引出线检查,本体及瓷套、搭接面检查,渗漏油处理;清理场地,验收,填写检修报告
3.4.1.2	熔断器更换	熔断器更换
3.4.1.3	电容器拆装	设备拆、装
3.4.2	集合式电容器检修	
3.4.2.1	集合式电容器本体检修	一次引线检查,桩头氧化处理密封检查,外罩检查,呼吸器检查,油位指示检查,渗漏油处理;清理场地,验收,填写检修报告

3.4　母线、绝缘子检修定额管理

1. 母线、绝缘子检修定额编制说明

1)定额编制内容与范围

本定额适用于 10~750 kV 母线、绝缘子、穿墙套管的检修工作,主要为国家电网有限公司母线、绝缘子、穿墙套管设备检修规范的工作内容。

本定额共 2 节 72 个子目,主要分为母线、绝缘子 2 节,包括母线、绝缘子设备的常规检修、附件单体检修、更换等工作。

2)定额中工作量的计算规则

带形铜母线检修按铝母线检修定额乘以系数 1.2。

户内安装的 110 kV 及以上电压等级支持绝缘子检修时,人工定额乘以系数 1.1。

3)定额未包括的工作内容

未考虑检修中涉及的二次接线、校验及试验工作内容,此类工作可以套用本检修定额相关章节定额。

未考虑绝缘子调爬、防污措施。

4）其他说明

对于带电流互感器的穿墙套管,电流互感器检修时应再套用电流互感器检修定额。

本定额内"××设备拆装"指返厂或返车间检修的设备拆除、安装工作。

悬垂绝缘子零值检测内容套用线路部分。

2. 母线、绝缘子检修定额条目划分

母线、绝缘子检修定额分为两类,具体见表 3-4。

表 3-4 母线、绝缘子检修定额条目划分

序号	项目	工作内容
4.1	母线检修	
4.1.1	带形铝母线检修	搭接面检修,金具检查,母线检查补漆。 注:带形铜母线检修按铝母线检修定额乘以系数 1.2
4.1.2	管形母线检修	搭接面处理,金具检查,母线检查补漆
4.2	绝缘子检修	
4.2.1	支持绝缘子检修	检查清扫,锈蚀螺栓更换,补漆
4.2.2	支持绝缘子更换	支持绝缘子拆、装
4.2.3	悬垂绝缘子串检修	悬垂绝缘子串检查清扫
4.2.4	悬垂绝缘子串更换	悬垂绝缘子串拆、装
4.2.5	油浸电容式穿墙套管检修	一次引线检查,桩头氧化处理;渗漏处理;检查紧固末屏及调整油位,补漆,瓷套检查、清扫;配合试验拆搭头;清理场地,验收,填写检修报告
4.2.6	油浸电容式穿墙套管拆装	设备拆、装
4.2.7	干(瓷)式穿墙套管检修	一次引线检查,桩头氧化处理;末屏检查紧固,硅橡胶外表检查,接地检查,补漆;配合试验拆搭头;清理场地,验收,填写检修报告
4.2.8	干(瓷)式穿墙套管拆装	设备拆、装

3.5 交直流、仪表定额管理

1. 交直流、仪表定额编制说明

1）定额编制内容与范围

本定额适用于 10~750 kV 变电站交直流系统、仪表设备的检修工作,主要为国家电网有限公司变电站交直流系统、仪表设备检修规范的工作内容。

本定额共 2 节 125 个子目,主要分为交直流系统、仪表设备 2 节,适用于交直流系统、仪表设备的检修工作。

2）定额中工作量的计算规则

蓄电池检修、更换分别按容量大小以单体蓄电池"只"为计量单位,按检修数量计算工

程量。

蓄电池充放电按不同容量以"组（套）"为计量单位。

本定额中的蓄电池均指阀控式蓄电池,蓄电池若是非阀控式蓄电池（如铅酸或碱性蓄电池）,对于充放电、单只电池检修、更换时人工定额乘以系数 1.5。非两电两充系统更换电池,需要使用备用电池进行替代更换时,定额基价乘以系数 1.2。

户内电力电缆终端头制作更换（1 kV 以下）、户外电力电缆终端头制作更换（1 kV 以下）、控制电缆终端头制作更换时,在同一地点做第二个终端头,人工定额乘以系数 0.8。

屏、柜、箱的安装以"台（面）"为计量单位。

电缆敷设定额：

（1）电缆沟盖板的揭、盖定额,按每揭或每盖一次以"100 m"为单位计算;

（2）电缆敷设定额中均未考虑波形增加长度及预留等富裕长度,该长度应计入工程量之内,延长米的计算规则参照最新版《电力建设工程预算定额》的说明;

（3）电缆敷设及电缆头制作定额按铜芯、铝芯综合考虑,无论铜芯、铝芯均不做调整;

（4）直埋敷设电缆人工乘以系数 1.3;

（5）在同一地点敷设第二根以上电缆时,人工乘以系数 0.8;

（6）14 芯以下控制电缆敷设套用 10 mm² 以下电力电缆敷设定额,14~37 芯控制电缆敷设套用 35 mm² 以下电力电缆敷设定额;

（7）电力电缆头制作安装,如果电缆芯数超过 4 芯,每增加 1 芯,按相应截面电缆定额增加 30%;

（8）遇有清理障碍物、排水及其他措施时,费用按实另计。

主变压器远方测温以"系统"为计量单位,其余表计、变送器检验更换以"只"为计量单位。在同一地点做第二个表计、变送器检验、谐波测试,人工乘以系数 0.5。

直流充电设备非开关电源（如硅整流或磁饱和式）,设备检修、更换时,人工均乘以系数 1.6。

3）定额未包括的工作内容

设备基础（包括支架、底座、槽钢等）制作及安装。

二次喷漆及喷字。

UPS 检修只考虑 10 kVA 以内,其他容量综合按此考虑,"保护、综自、自动化"章节涉及的调度中心、集中监控中心大容量 UPS 电源系统检修,应按 10~20 kVA 的定额系数取 1.2,30~40 kVA 的定额系数取 1.3,60 kVA 的定额系数取 2,80 kVA 的定额系数取 2.5,120 kVA 的定额系数取 3.0,160 kVA 的定额系数取 3.5。

4）其他说明

交直流系统的遥信、遥控、遥测部分的维护及交直流系统空气开关和熔断器动作校验,参照"保护、综自、自动化"部分相关规定。

2. 交直流、仪表定额条目划分

交直流、仪表定额分为两类,具体见表 3-5。

表 3-5　交直流、仪表定额条目划分

序号	项目	工作内容
5.1	交直流系统	
5.1.1	蓄电池容量充放电、测试	蓄电池及充电设备外观检查;充放电设备二次回路绝缘检查;直流充电模块检查;直流绝缘装置检查;直流降压装置检查;直流监控装置检查;蓄电池及充电设备的清扫
5.1.2	落后电池检修、更换	蓄电池及充电设备外观检查;落后电池充电维护;充放电设备二次回路绝缘检查;落后电池检修、更换;蓄电池及充电设备的清扫;更换电池定额需要使用备用电池进行替代更换时,基价乘以系数 1.2
5.1.3	UPS 及逆变电源检修	UPS 及逆变设备外观检查;电源回路检查;UPS 及逆变故障处理、维修及更换;UPS 及逆变回路的清扫
5.1.4	通风设备检修维护	低压风扇及回路的检查;低压风扇及回路的检修;低压风扇及回路的清扫
5.1.5	变电所动力电源拆搭	变电所内动力电源检查、拆搭、核相
5.1.6	绝缘监察装置检修	绝缘监察装置外观检查、报警检查、调试,相关二次回路清扫
5.1.7	充电模块检修	充电模块外观检查、报警检查、调试,相关二次回路清扫
5.1.8	直流监控装置检修	直流监控装置外观检查、定值设定检查、报警检查、调试,相关二次回路清扫
5.1.9	电池监测装置、监测模块检修	电池监测装置外观检查、电池检测板检查、报警检查、调试,相关二次回路清扫
5.1.10	电缆沟揭、盖盖板	电缆沟揭、盖盖板
5.1.11	钢管敷设	原钢管拆除,新钢管敷设
5.1.12	电缆敷设	原电缆拆除,新电缆敷设
5.1.13	户内电力电缆终端头制作更换(1 kV 以下)	原户内电力电缆终端头拆除,户内电力电缆终端头制作;在同一地点做第二个终端头开始,人工乘以系数 0.8
5.1.14	户外电力电缆终端头制作更换(1 kV 以下)	原户外电力电缆终端头拆除,户外电力电缆终端头制作;在同一地点做第二个终端头开始,人工乘以系数 0.8
5.1.15	控制电缆终端头制作更换	原控制电缆终端头拆除、退线,新控制电缆终端头制作、接线;在同一地点做第二个终端头开始,人工乘以系数 0.8
5.1.16	电缆防火封堵	部分电缆防火封堵的拆除,电缆防火封堵
5.1.17	低压电器设备箱更换	旧低压电器设备箱拆除,低压电器设备箱更换
5.1.18	铁构件制作更换	铁构件制作更换
5.2	仪表设备	
5.2.1	主变压器远方测温回路校验	主变压器远方测温回路校验,现场温度变送器、热电阻校验,后台温度显示调试
5.2.2	温度测量仪表、温度变送器校验、修理、更换	温度仪表、变送器校验、修理、更换、调试;在同一地点做第二只开始,基价乘以系数 0.5
5.2.3	变送器校验、修理、更换	变送器校验、修理、更换、调试;在同一地点做第二只开始,基价乘以系数 0.5

序号	项目	工作内容
5.2.4	交直流电压表、电流表校验、修理、更换	交直流电压表、电流表校验、修理、更换;在同一地点做第二只开始,基价乘以系数0.5
5.2.5	功率因数表校验、修理、更换	功率因数表校验、修理、更换;在同一地点做第二只开始,基价乘以系数0.5
5.2.6	交直流有功表、无功表校验、修理、更换	交直流有功表、无功表校验、修理、更换;在同一地点做第二只开始,基价乘以系数0.5
5.2.7	谐波测试	谐波测试
5.2.8	电压检监测仪校验、修理、更换	电压检监测仪校验、修理、更换;在同一地点做第二只开始,基价乘以系数0.5
5.2.9	压力式温度计校验、修理、更换	压力式温度计校验、修理、更换;在同一地点做第二只开始,基价乘以系数0.5
5.2.10	一般压力表校验、修理、更换	一般压力表校验、修理、更换;在同一地点做第二只开始,基价乘以系数0.5
5.2.11	电能表校验、修理	电能表校验、修理;在同一地点做第二只开始,基价乘以系数0.5
5.2.12	电能质量检测系统校验、修理	电能质量检测系统校验、修理
5.2.13	变电所交流采样装置校验、修理、更换	变电所交流采样装置校验、修理、更换;在同一地点做第二只开始,基价乘以系数0.5
5.2.14	频率表校验、修理、更换	频率表校验、修理、更换;在同一地点做第二只开始,基价乘以系数0.5
5.2.15	整步表校验、修理、更换	整步表校验、修理、更换;在同一地点做第二只开始,基价乘以系数0.5
5.2.16	电能量采集系统校验、修理	电能量采集系统校验、修理
5.2.17	计量二次回路阻抗、压降测试	计量二次回路阻抗、压降测试;在同一地点做第二回开始,基价乘以系数0.5
5.2.18	角差、变比差测试	角差、变比差测试;在同一地点做第二只开始,基价乘以系数0.5

3.6　保护、综合自动化、自动化定额管理

1. 保护、综合自动化、自动化定额编制说明

1)定额编制内容与范围

本定额适用于 10~750 kV 变电站保护、安全自动化装置、厂站综合自动化装置及主站自动化设备的检修、维护和调试工作,主要为国家电网有限公司输变电设备检修规范的工作内容。

本定额共 3 节 461 个子目,主要分为保护装置、综合自动化装置、自动化主站设备检修 3 节,适用于变电站保护、综合自动化、自动化设备的检修工作。每个检修子目均以正常检

修工作量为基准考虑定额,使用时根据实际的工作量选取相应的定额子项,已考虑检修工作项目前期准备、现场作业监护、后期总结等全过程工作。

2)定额中工作量的计算原则

线路、主变压器二次设备检修对应定额子目计量单位为"间隔""台",具体说明如下。

(1)线路、主变压器间隔定校、部校定额已经涵盖线路间隔、主变压器间隔所有二次设备(保护、高频收发信机、保护专用光纤接口装置、继电器、综合自动化、计量)检修、调试、升级、消缺、元器件更换、回路检查,以及故障录波器、保护管理机、综合自动化后台、主站等系统配合调试检修,断路器、隔离开关、电流互感器、电压互感器、端子箱等设备二次维护、试验。具体如在使用线路、主变间隔定校、部校定额时不再套用"操作箱部校""微机断路器保护校验""TA 试验""故障录波器(故障信息管理系统)校验""继电器、变流器校验""微机保护故障及回路检查处理(换插件、元器件)""断路器、隔离开关控制回路缺陷处理""断路器分合闸动作电压试验""高频收发信机校验""纵联保护通道检验""保护专用光纤接口装置检验"和综合自动化、仪表等装置以及与保护管理机、综合自动化后台、主站端系统配合检修调试等定额。当故障录波器、高频收发信机、保护专用光纤接口装置、保护管理机、综合自动化后台、主站端等设备单独检修或调试时,需要套用相应定额。

(2)线路间隔保护为双套配置时,人工需乘以系数 1.6,当 110 kV 微机线路保护 341 为纵差式时,人工乘以系数 1.2,间隔已考虑 3/2 接线方式及断路器保护。电容器、电抗器、接地变压器、旁路保护装置套用相同电压等级的线路保护装置定额。

(3)主变压器间隔保护为双套配置时,人工需乘以 1.6 系数, 330 kV 及以下三圈变压器定额需乘以系数 1.3,间隔已考虑 3/2 接线方式及断路器保护,包含各侧断路器。高压电抗器保护装置套用相同电压等级的变压器保护装置。

保护非周期性单体调试检修项目,如"微机型解列、切机、切负荷装置校验""保护装置换插件、元器件及试验"等的工作内容中已包含"与厂站自动化系统、继电保护及故障信息管理系统配合进行校验,与主站端配合调试",不再另外计取这些系统和设备的定额。

"微机母线保护校验"和"电磁型母差保护校验"按"套"计量,有独立式母联保护另行计算,保护功能内已含母联保护不再调整。母差保护为比率式时,人工乘以系数 1.2。

"操作箱检验"定额不分电压等级,按操作箱对应断路器台数计算工程量。

"纵联保护通道检验"中的"线路阻波器校验""结合滤波器校验"不包括拆装,实际检修或发生该类工作,应按实际发生费用进行结算。

"线路、主变压器部分检验"对应定额子目定义为保护部校、升级、补充检验等各类型工作,在对间隔进行部检,保护装置程序升级检验,以及一些特殊情况进行补充检验时,均使用该对应定额子目进行计费。已综合考虑各工作差异影响,不需再进行调整。微机保护补充检验具体内容包括:

(1)进行断路器跳、合闸试验;

（2）对运行中的装置进行较大更改或增设新回路后的检验；

（3）运行中发现异常情况后的检验；

（4）事故后检验；

（5）已投入运行的装置停电一年及以上，再次投入运行时的检验；

（6）"TA试验"计量单位为"只"，在同时、同一地点进行多个设备检修时，从第二只开始，定额在各电压等级基础上乘以系数0.5。

"无功补偿自动投切装置定期检验"定额中，装置只是指厂站端的自投切设备，主站监控侧的靠遥控电容器、电抗器实现的无功优化程序不在此定额范围内；本定额考虑同时投切一组电容器和电抗器断路器，即两台断路器，从投切第三台断路器开始，每增加一台断路器，人工费加上20%的基准人工费。

"同期装置定期检验"定额说明如下：

（1）准同期装置分自动准同期装置和手动准同期装置，本定额以微机智能型自动准同期装置为基准；

（2）同期切换选线装置与准同期装置（自动或手动）组成一套同期装置；

（3）当为手动准同期装置时，人工乘以系数1.2；

（4）当同期屏上同时有自动准同期装置和手动准同期装置时，定额基价（包括人、材、机）乘以系数1.5。

"交直流空气开关及熔断器动作电流校验"计量单位为"只"，在同时、同一地点进行多个设备检修时，从第二只开始，定额乘以系数0.3。

"保护巡视（特巡）"按间隔计费，一个变电站全所多套保护设备安排同时巡视时，第二个间隔基价乘以系数0.2，分期独立巡视则分别取费。

"遥测、遥信、遥控核对"和"远动变送器、交流采样遥测信息核对及更换"以及其他分项对应定额子目仅在单体装置单独检修时使用，综合检修（保护周期性校验中已包含综合自动化内容部分）时不再重复计取。

"综合自动化装置"部分和"自动化主站设备"部分雷同子目的说明如下："综合自动化装置"部分主要对应厂站端（变电站）的综合自动化设备，而"自动化主站设备"部分主要对应主站端设备，两者虽有些子目标题看似重复，但有本质的区别，在使用定额时应根据实际设备工作内容套用。如"远动通信服务器维护、维修"和"服务器/工作站检修"两个子目分别对应"综合自动化装置"部分和"自动化主站设备"部分，从字面上理解会觉得重复，但"远动通信服务器维护、维修"指对某个变电站的通信服务器的测试，还要考虑车辆的台班，而"服务器/工作站检修"是指主站自动化机房和集控中心内的各系统计算机和服务器的性能测试。

综合自动化装置专用UPS电源等检修维护工作，参照交直流相关定额。但调度中心、集中监控中心UPS电源系统设备等套用变电交直流部分相应子目时，大容量UPS电源系统按以下系数进行套用，10~20 kVA的定额系数取1.2，30~40 kVA的定额系数取1.3，60 kVA的定额系数取2，80 kVA的定额系数取2.5，120 kVA的定额系数取3.0，160 kVA的定额系数取 3.5。

"远动变送器、交流采样遥测信息核对及更换""以太网交换机维护、维修""远动设备通道防雷器检修"的计量单位为"台",在同时、同一地点做第二台开始,定额乘以系数 0.5。

"信息联调""VQC 联调""程序化控制联调""保护信息联调"子项内均已含厂站端配合,不需再重复套用综自装置部分定额。

自动化主站系统进行整体检修时,对检修综合定额乘以 0.8 的节效系数。

"通道单元检修、更换""防雷接地""大屏幕灯泡更换"在同时、同一地点进行多个设备检修时,从第二只开始,定额乘以系数 0.7。

3)定额未包括的工作内容

未考虑设备基础(支架、底座、槽钢等)制作及安装、二次喷漆及喷字,参照交直流等相关定额。

未考虑综合自动化装置专用 UPS 电源等检修维护工作,参照交直流相关定额。

2. 保护、综合自动化、自动化定额条目划分

保护、综合自动化、自动化定额条目划分,见表 3-6。

表 3-6　保护、综合自动化、自动化定额条目划分

序号	项目	工作内容
6.1	保护装置	
6.1.1	微机保护线路间隔定期检验	
6.1.1.1	微机保护线路间隔全部检验	检验前准备工作;回路检验;二次回路绝缘检查;外观检查;上电检查;逆变电源检查;开关量输入回路检验;输出触点及输出信号检查;模数变换系统检查;整定值的整定及检验;纵联保护通道检验;整组试验;与厂站自动化系统、继电保护及故障信息管理系统配合进行遥控、遥测、遥信等校验;装置投运;清扫;与主站端配合调试;写记录、出报告;含微机型保护线路间隔保护装置、测控装置、附属各单元(仪表、变送器)全检,以及信息管理机、综合自动化主站、电流互感器等设备的配合试验,还有检验过程中元器件更换等临修工作 注:①电容器、电抗器、接地变保护装置套用相同电压等级的线路保护校验定额; ②双套保护配置时人工需乘以系数 1.6,三套保护配置时人工需乘以系数 2.2; ③已考虑 3/2 断路器接线方式及断路器保护; ④ 110 kV 线路保护为纵差式时,人工乘以系数 1.2
6.1.1.2	微机保护线路间隔部分检验	检验前准备工作;部分回路检验;部分二次回路绝缘检查;外观检查;上电检查;逆变电源检查;开关量输入回路检验;部分输出触点及输出信号检查;模数变换系统检查;整定值的整定及检验;纵联保护通道检验;整组试验;部分与厂站自动化系统、继电保护及故障信息管理系统配合进行遥控、遥测、遥信等校验;装置投运;清扫;与主站端配合调试;写记录、出报告;含微机型保护线路间隔保护装置、测控装置、附属各单元(仪表、变送器)部检,以及信息管理机、综合自动化主站、电流互感器等设备的配合试验,还有检验过程中元器件更换等临修工作 注:①电容器、电抗器、接地变压器保护装置套用相同电压等级的线路保护校验定额; ②双套保护配置时人工需乘以系数 1.6,三套保护配置时人工需乘以系数 2.2; ③已考虑 3/2 断路器接线方式及断路器保护; ④ 110 kV 线路保护为纵差式时,人工乘以系数 1.2

序号	项目	工作内容
6.1.1.3	操作箱检验	检验防跳回路和三相不一致回路是否满足要求;检验交流电压切换回路;检验跳合闸回路接线正确性,有无寄生回路;操作箱对断路器进行传动试验;清扫;写记录、出报告 注:①各电压等级操作箱不分电压等级; ②按操作箱对应断路器台数为计算单位
6.1.2	微机保护变压器间隔定期检验	
6.1.2.1	微机保护变压器间隔全部检验	检验前准备工作;回路检验;二次回路绝缘检查;外观检查;上电检查;逆变电源检查;开关量输入回路检验;输出触点及输出信号检查;模数变换系统检查;整定值的整定及检验;整组试验;与厂站自动化系统、继电保护及故障信息管理系统配合进行遥控、遥测、遥信等校验;装置投运;清扫;非电量保护;与主站端配合调试;写记录、出报告;含微机型保护主变压器间隔保护装置、测控装置、附属各单元(仪表、变送器)全检,以及信息管理机、综合自动化主站、电流互感器等设备的配合试验,还有检验过程中元器件更换等临修工作 注:①高压电抗器保护校验套用相同电压等级的变压器保护校验定额; ②双套保护配置时人工需乘以系数1.6; ③已考虑3/2断路器接线方式及断路器保护; ④330 kV及以下三绕组变压器总价需乘以系数1.3
6.1.2.2	微机保护变压器间隔部分检验	检验前准备工作;部分回路检验;部分二次回路绝缘检查;外观检查;上电检查;逆变电源检查;开关量输入回路检验;输出触点及输出信号检查;模数变换系统检查;整定值的整定及检验;整组试验;与厂站自动化系统、继电保护及故障信息管理系统配合进行遥控、遥测、遥信等校验;装置投运;清扫;非电量保护;与主站端配合调试;写记录、出报告;含微机型保护主变压器间隔保护装置、测控装置、附属各单元(仪表、变送器)部检,以及信息管理机、综合自动化主站、电流互感器等设备的配合试验,还有检验过程中元器件更换等临修工作 注:①高压电抗器保护校验套用相同电压等级的变压器保护校验定额; ②双套保护配置时人工需乘以系数1.6; ③已考虑3/2断路器接线方式及断路器保护; ④330 kV及以下三绕组变压器总价需乘以系数1.3
6.1.3	微机母线保护定期检验	
6.1.3.1	微机母线保护全部检验	检验前准备工作;回路检验;二次回路绝缘检查;外观检查;上电检查;逆变电源检查;开关量输入回路检验;输出触点及输出信号检查;模数变换系统检查;整定值的整定及检验;整组试验;与厂站自动化系统、继电保护及故障信息管理系统配合进行遥控、遥测、遥信等校验;装置投运;清扫;与主站端配合调试;写记录、出报告
6.1.3.2	微机母线保护部分检验	检验前准备工作;部分回路检验;部分二次回路绝缘检查;外观检查;上电检查;逆变电源检查;开关量输入回路检验;输出触点及输出信号检查;模数变换系统检查;部分整定值的整定及检验;整组试验;与厂站自动化系统、继电保护及故障信息管理系统配合进行遥控、遥测、遥信等校验;装置投运;清扫;与主站端配合调试;写记录、出报告
6.1.4	微机母联保护定期检验	
6.1.4.1	微机母联保护全部检验	检验前准备工作;回路检验;二次回路绝缘检查;外观检查;上电检查;逆变电源检查;开关量输入回路检验;输出触点及输出信号检查;模数变换系统检查;整定值的整定及检验;整组试验;与厂站自动化系统、继电保护及故障信息管理系统配合进行遥控、遥测、遥信等校验;装置投运;清扫;与主站端配合调试;写记录、出报告 注:仅适用于独立式母联保护

序号	项目	工作内容
6.1.4.2	微机母联保护部分检验	检验前准备工作；部分回路检验；部分二次回路绝缘检查；外观检查；上电检查；逆变电源检查；开关量输入回路检验；输出触点及输出信号检查；模数变换系统检查；整定值的整定及检验；整组试验；与厂站自动化系统、继电保护及故障信息管理系统配合进行遥控、遥测、遥信等校验；装置投运；清扫；与主站端配合调试；写记录、出报告 注：仅适用于独立式母联保护
6.1.5	微机断路器保护定期检验	
6.1.5.1	微机断路器保护全部检验	检验前准备工作；回路检验；二次回路绝缘检查；外观检查；上电检查；逆变电源检查；开关量输入回路检验；输出触点及输出信号检查；模数变换系统检查；整定值的整定及检验；整组试验；与厂站自动化系统、继电保护及故障信息管理系统配合进行遥控、遥测、遥信等校验；装置投运；清扫；与主站端配合调试；写记录、出报告 注：仅适合于独立检验断路器保护时使用，线路间隔等综检时已考虑，不另计费
6.1.5.2	微机断路器保护部分检验	检验前准备工作；部分回路检验；部分二次回路绝缘检查；外观检查；上电检查；逆变电源检查；开关量输入回路检验；输出触点及输出信号检查；模数变换系统检查；部分整定值的整定及检验；整组试验；与厂站自动化系统、继电保护及故障信息管理系统配合进行遥控、遥测、遥信等校验；装置投运；清扫；与主站端配合调试；写记录、出报告 注：仅适合于独立检验断路器保护时使用，线路间隔等综检时已考虑，不另计费
6.1.6	短引线保护定期检验	
6.1.6.1	短引线保护全部检验	检验前准备工作；回路检验；二次回路绝缘检查；外观检查；上电检查；逆变电源检查；开关量输入回路检验；输出触点及输出信号检查；模数变换系统检查；整定值的整定及检验；整组试验；与厂站自动化系统、继电保护及故障信息管理系统配合进行遥控、遥测、遥信等校验；装置投运；清扫；与主站端配合调试；写记录、出报告
6.1.6.2	短引线保护部分检验	检验前准备工作；部分回路检验；部分二次回路绝缘检查；外观检查；上电检查；逆变电源检查；开关量输入回路检验；输出触点及输出信号检查；模数变换系统检查；部分整定值的整定及检验；整组试验；与厂站自动化系统、继电保护及故障信息管理系统配合进行遥控、遥测、遥信等校验；装置投运；清扫；与主站端配合调试；写记录、出报告
6.1.7	电流互感器试验	检查铭牌参数是否完整，资料是否齐全；极性；变比；各绕组的准确级、容量及内部安装位置；二次绕组的直流电阻；各绕组的伏安特性；二次负担；写记录、出报告 注：在同一地点做第二只开始，基价在各电压等级基础上乘以系数 0.5
6.1.8	电压互感器试验	检查铭牌参数是否完整，资料是否齐全；极性；变比；各绕组的准确级、容量及内部安装位置；二次绕组的直流电阻；写记录、出报告 注：在同一地点做第二只开始，基价在各电压等级基础上乘以系数 0.5
6.1.9	故障录波器（故障信息管理系统）校验	检验前准备工作；二次回路绝缘检查；外观检查；上电检查；电源检查；开关量输入回路检验；所用计算机及其外围设备的工作正确性及可靠性检验；输出触点和输出信号检查；模数变换系统检查；整定值的整定及检验；抗干扰措施检查；软件版本号、校验码等程序正确性和完整性检查；与系统中各保护装置的通信和网络功能检验；数据库的正确性和完备性检查；各种保护信息的分类、合并及重要程序排序的正确性和完备性检查；其他各子系统检查；写记录、出报告
6.1.10	消弧线圈自动调谐装置维护检修	阻尼端子箱清扫补漏；回路清扫；螺栓复紧；调挡功能测试；补偿测试；打印机检查；写记录、出报告（单位：套）
6.1.11	备用电源自动投入装置定期检验（微机型）	

序号	项目	工作内容
6.1.11.1	备用电源自动投入装置全部检验	检验前准备工作;回路检验;二次回路绝缘检查;外观检查;上电检查;逆变电源检查;开关量输入回路检验;输出触点及输出信号检查;模数变换系统检查;整定值的整定及检验;全部自投、快切逻辑试验;整组试验;与厂站自动化系统、继电保护及故障信息管理系统配合进行遥控、遥测、遥信等校验;清扫及螺栓复紧;与主站端配合调试;写记录、出报告
6.1.11.2	备用电源自动投入装置部分检验	检验前准备工作;部分回路检验;二次回路绝缘检查;外观检查;上电检查;逆变电源检查;开关量输入回路检验;输出触点及输出信号检查;模数变换系统检查;整定值的整定及检验;部分自投、快切逻辑试验;整组试验;与厂站自动化系统、继电保护及故障信息管理系统配合进行遥控、遥测、遥信等校验;清扫及螺栓复紧;与主站端配合调试;写记录、出报告
6.1.12	微机型区域安全稳定控制系统(功角测量、行波测距等装置)定期检验	
6.1.12.1	微机型区域安全稳定控制系统(功角测量、行波测距等装置)全部检验	检验前准备工作;回路检验;交流回路绝缘检查;外观检查;上电检查;逆变电源检查;开关量输入、输出回路检验;信号回路检查;数据采集回路检查;抗干扰;外部通信通道及回路检查,命令传输正确性和可靠性检查;装置整组试验;远信信息及远方控制功能联合试验;核对定值、检查控制策略;清扫;与主站端配合调试;写记录、出报告
6.1.12.2	微机型区域安全稳定控制系统(功角测量、行波测距等装置)部分检验	检验前准备工作;回路检验;交流回路绝缘检查;外观检查;上电检查;逆变电源检查;数据采集回路检查;外部通信通道及回路检查,命令传输正确性和可靠性检查;装置整组试验;核对定值、检查控制策略;清扫;与主站端配合调试;写记录、出报告
6.1.13	无功补偿自动投切装置定期检验(厂站端装置、非监控侧软件程序)	
6.1.13.1	无功补偿自动投切装置全部检验	检验前准备工作;回路检验;二次回路绝缘检查;外观检查;上电检查;逆变电源检查;开关量输入回路检验;输出触点及输出信号检查;模数变换系统检查;整定值的整定及检验;整组投切电抗、电容试验;与厂站自动化系统、继电保护及故障信息管理系统配合进行遥控、遥测、遥信等校验;清扫;与主站端配合调试;写记录、出报告;信息管理机、综合自动化等设备的配合试验,以及检验过程中元器件更换等临修工作。 注:①本装置只是指厂站端的自投切设备,主站监控侧的靠遥控电容器、电抗器实现的无功优化程序不在此定额范围内; ②本定额考虑同时投切一组电容器和电抗器断路器,即两台断路器,当投切第三台断路器开始,每增加一台断路器,人工费加上20%的基准人工费
6.1.13.2	无功补偿自动投切装置部分检验	检验前准备工作;部分回路检验;部分二次回路绝缘检查;外观检查;上电检查;逆变电源检查;开关量输入回路检验;输出触点及输出信号检查;模数变换系统检查;整定值的整定及检验;整组投切电抗、电容试验;与厂站自动化系统、继电保护及故障信息管理系统配合进行部分遥控、遥测、遥信等校验;清扫;与主站端配合调试;写记录、出报告;信息管理机、综合自动化等设备的配合试验,以及检验过程中元器件更换等临修工作 注:①本装置只是指厂站端的自投切设备,主站监控侧的靠遥控电容器、电抗器实现的无功优化程序不在此定额范围内; ②本定额考虑同时投切一组电容器和电抗器断路器,即两台断路器,当投切第三台断路器开始,每增加一台断路器,人工费加上20%的基准人工费

序号	项目	工作内容
6.1.14	同期装置定期检验	
6.1.14.1	同期装置全部检验	检验前准备工作;回路检验;二次回路绝缘检查;外观检查;上电检查;逆变电源检查;开关量输入回路检验;输出触点及输出信号检查;模数变换系统检查;整定值的整定及检验;同期逻辑试验;同期对象控制输出试验;远方通信、与厂站自动化系统、继电保护及故障信息管理系统配合进行遥控、遥测、遥信等校验;清扫;与主站端配合调试;同期继电器全部检验;写记录、出报告;信息管理机、综合自动化等设备的配合试验,以及检验过程中元器件更换等临修工作 注:①准同期装置分自动准同期装置和手动准同期装置,本定额以微机智能型自动准同期装置为基准; ②同期切换选线装置与准同期装置(自动或手动)组成一套同期装置; ③当为手动准同期装置时,人工乘以系数1.2; ④当同期屏上同时有自动准同期装置和手动准同期装置时,定额基价(包括人、材、机)乘以系数1.5
6.1.14.2	同期装置部分检验	检验前准备工作;部分回路检验;二次回路绝缘检查;外观检查;上电检查;逆变电源检查;开关量输入回路检验;输出触点及输出信号检查;模数变换系统检查;整定值的整定及检验;部分同期逻辑试验;同期对象控制输出试验;与厂站自动化系统、继电保护及故障信息管理系统配合进行遥控、遥测、遥信等校验;清扫;与主站端配合调试;同期继电器部分检验;写记录、出报告;信息管理机、综合自动化等设备的配合试验,以及检验过程中元器件更换等临修工作 注:①准同期装置分自动准同期装置和手动准同期装置,本定额以微机智能型自动准同期装置为基准; ②同期切换选线装置与准同期装置(自动或手动)组成一套同期装置; ③当为手动准同期装置时,人工乘以系数1.2; ④当同期屏上同时有自动准同期装置和手动准同期装置时,定额基价(包括人、材、机)乘以系数1.5
6.1.15	GPS 装置校验	回路检查清扫;用 GPS 校验装置测试对时功能;各开入、开出部分检查
6.1.16	交直流空气开关及熔断器动作特性检验	试验结果符合各空气开关和熔断器特性曲线;写记录、出报告(单位:只) 注:在同一地点做第二只开始,总价乘以系数 0.3
6.1.17	各种功能继电器检验	
6.1.17.1	极化继电器定期检验	极化继电器全部检验包括:①测定线圈电阻,其值与标准值相差不大于10%;用 500 V 绝缘电阻表测定继电器动作前后触点对铁芯的绝缘;动作电流与返回电流的检验;继电器动作安匝及返回系数检验;对有平衡度要求的两组线圈检验其平衡度;继电器外部检查;清扫及螺栓复紧;写记录、出报告。 极化继电器部分检验包括:测定线圈电阻,其值与标准值相差不大于10%;用 500 V 绝缘电阻表测定继电器动作前后触点对铁芯的绝缘;动作电流与返回电流的检验;继电器外部检查;清扫及螺栓复紧;写记录、出报告
6.1.17.2	机电型时间继电器定期检验	机电型时间继电器全部检验包括测定线圈电阻,其值与标准值相差不大于10%;动作电压与返回电压的试验;最大、最小及中间刻度下的动作时间校核、时间标度误差及动作离散值应不超过规定范围;整定点的动作时间及离散值的测定;继电器外部检查;清扫及螺栓复紧;写记录、出报告。 机电型时间继电器部分检验包括测定线圈电阻,其值与标准值相差不大于10%;动作电压与返回电压的试验;整定点的动作时间及离散值的测定;继电器外部检查;清扫及螺栓复紧;写记录、出报告

序号	项目	工作内容
6.1.17.3	电流(电压)继电器定期检验	电流(电压)继电器全部检验包括动作标度在最大、最小、中间三个位置时的动作与返回值;整定点的动作与返回值;对电流继电器,通以 1.05 倍动作电流及保护装设处可能出现的最大短路电流,检验其动作及复归的可靠性;对低电压及低电流继电器,分别加入最高运行电压或通入最大负荷电流,检验其应无抖动现象;对反时限的感应型继电器,核对整定值下的特性曲线;继电器外部检查;清扫及螺栓复紧;写记录、出报告。 电流(电压)继电器部分检验包括:整定点的动作值与返回值;对反时限的感应型继电器,核对定值下的特性曲线;继电器外部检查;清扫及螺栓复紧;写记录、出报告
6.1.17.4	电流平衡继电器定期检验	电流平衡继电器全部检验包括制动电流、电压分别为零值及额定值时的动作电流及返回电流;动作线圈与制动线圈的相互极性关系;录取制动特性曲线时,做其中一组曲线的两三点,以作核对;按实际运行条件,模拟制动回路电流突然消失、动作回路电流成倍增大的情况下,观察继电器触点应无抖动现象;继电器外部检查;清扫及螺栓复紧;写记录、出报告 电流平衡继电器部分检验包括制动电流、电压分别为零值及额定值时的动作电流及返回电流;继电器外部检查;清扫及螺栓复紧;写记录、出报告
6.1.17.5	功率方向继电器定期检验	功率方向继电器全部检验包括检验继电器电流及电压的潜动;检验继电器的动作区,并校核电流、电压线圈极性标识的正确性和灵敏角;在最大灵敏角下或在与之相差不超过 20° 的情况下,测定继电器的最小动作伏安及最低动作电压;测定电流、电压相位在 0°、60° 两点的动作伏安,校核动作特性的稳定性;测定 2 倍、4 倍动作伏安下的动作时间;检查在正、反方向可能出现最大短路容量时,触点的动作情况;继电器外部检查;清扫及螺栓复紧;写记录、出报告 功率方向继电器部分检验包括检验继电器电流及电压的潜动;检验继电器的动作区和灵敏角;测定电流、电压相位在 0° 的动作伏安,校核动作特性的稳定性;继电器外部检查;清扫及螺栓复紧;写记录、出报告
6.1.17.6	带饱和变流器的电流继电器(差动继电器)定期检验	带饱和变流器的电流继电器(差动继电器)全部检验包括测量饱和变流器一、二次绕组的绝缘电阻及二次绕组对地的绝缘电阻;执行元件动作电流的检验;饱和变流器一次绕组的安匝与二次绕组的电压特性曲线(电流自零值到电压饱和值);校核一次绕组在各定值(抽头)下的动作安匝;如设有均衡(补偿)绕组而实际又使用时,需校核均衡绕组与工作绕组极性标号的正确性及补偿匝数的准确性;测定整定匝数下的动作电流与返回电流(核对是否符合其动作安匝)及执行元件线圈两端的动作电压;对具有制动特性的继电器,检验制动与动作电流在不同相位下的制动特性;录取电流制动特性曲线时,检验两电流相位相同时特性曲线中的两三点,以核对特性的稳定性;通入 4 倍动作电流(安匝),检验执行元件的端子电压,其值应为动作值的 1.3~1.4 倍,并观察触点动作的可靠性;测定 2 倍动作安匝时的动作时间;继电器外部检查;清扫及螺栓复紧;写记录、出报告。 带饱和变流器的电流继电器(差动继电器)部分检验包括测量饱和变流器一、二次绕组的绝缘电阻及二次绕组对地的绝缘电阻;执行元件动作电流的检验;饱和变流器一次绕组的安匝与二次绕组的电压特性曲线(电流自零值到绕组电压饱和值);校核一次绕组在定值(抽头)下的动作安匝;测定整定匝数下的动作电流与返回电流(核对是否符合其动作安匝)及执行元件线圈两端的动作电压;通入 4 倍动作电流(安匝),检验执行元件的端子电压,其值应为动作值的 1.3~1.4 倍,并观察触点动作的可靠性;继电器外部检查;清扫及螺栓复紧;写记录、出报告

续表

序号	项目	工作内容
6.1.17.7	电流方向继电器(用作母线差动保护中的电流相位比较继电器属于此类)定期检验	电流方向继电器全部检验包括测定继电器中各互感器各绕组间的绝缘电阻及二次绕组对地的绝缘电阻;执行元件动作性能的检验;分别向每一电流线圈通入可能的最大短路电流,以检查是否有潜动;检验继电器两个电流线圈的电流相位特性;在最大灵敏角下,测定当其中一个线圈通入 5 A(1 A)电流,另一线圈的最小动作电流,并测两倍最小动作电流时的动作时间;同时通入两相位同相(或 180°)的最大短路电流,检验执行元件工作的可靠性,当突然断其中一个回路的电流时,处于非动作状态的执行元件不应出现任何抖动现象;继电器外部检查;清扫及螺栓复紧;写记录、出报告。 电流方向继电器部分检验包括测定继电器中各互感器各绕组间的绝缘电阻及二次绕组对地的绝缘电阻;检验继电器整组动作值;在最大灵敏角下,测定当其中一个线圈通入 5 A(1 A)电流,另一线圈的最小动作电流,并测两倍最小动作电流时的动作时间;继电器外部检查;清扫及螺栓复紧;写记录、出报告
6.1.17.8	方向阻抗继电器定期检验	方向阻抗继电器全部检验包括测量所有隔离互感器二次与一次绕组及二次绕组与互感器铁芯的绝缘电阻;整定变压器各抽头变比的正确性检验;电抗变压器的互感阻抗的调整与检验,并录取一次电流与二次电压的特性曲线,检验各整定抽头互感阻抗比例关系的正确性;执行元件的检验;极化回路调谐元件的检验与调整,并测定其分布电压及回路阻抗角;检验电压、电流回路的潜动;调整、测录最大灵敏角及其动作阻抗与返回阻抗,判定动作阻抗圆的性能;检验继电器在整定阻抗角下的暂态性能是否良好;在整定阻抗角下,校核静态的最小动作电流及最小精确工作电流;检验 2 倍精确工作电流及最大短路电流下的记忆作用及记忆时间;检验 2 倍精确工作电流下,90%、70%、50% 动作阻抗的动作时间;测定整定点的动作阻抗与返回阻抗;测定整定点的最小动作电压;继电器外部检查;清扫及螺栓复紧;写记录、出报告。 方向阻抗继电器部分检验包括测量所有隔离互感器二次与一次绕组及二次绕组与互感器铁芯的绝缘电阻;检验 2 倍精确工作电流及最大短路电流下的记忆作用及记忆时间;测定整定点的动作阻抗与返回阻抗;测定整定点的最小动作电压;继电器外部检查;清扫及螺栓复紧;写记录、出报告
6.1.17.9	偏移特性阻抗继电器定期检验	偏移特性阻抗继电器全部检验包括测量所有隔离互感器二次与一次绕组及二次绕组与互感器铁芯的绝缘电阻;整定变压器各抽头变比的正确性检验;电抗变压器的互感阻抗的调整与检验,并录取一次电流与二次电压的特性曲线,检验各整定抽头互感阻抗比例关系的正确性;执行元件的检验;测录继电器的阻抗圆特性,确定最大、最小动作阻抗,并计算偏移度;检验最大动作阻抗下的暂态特性是否良好;在最大动作阻抗值下测定稳态的 $Z_{op}=f(I)$ 特性,并确定最小精确工作电流;检验 2 倍精确工作电流下,90%、70%、50% 动作阻抗的动作时间;测定整定点的动作阻抗与返回阻抗;测定整定点的最小动作电流;继电器外部检查;清扫及螺栓复紧;写记录、出报告。 偏移特性阻抗继电器部分检验包括测定整定点的动作阻抗与返回阻抗;测定整定点的最小动作电流;继电器外部检查;清扫及螺栓复紧;写记录、出报告
6.1.17.10	频率继电器定期检验	频率继电器全部检验包括调整或校验继电器内部的调谐回路,并测量各元件的分布电压;执行元件的检验;校核最大、最小、中间刻度的动作频率与返回频率;对数字型继电器,检验各整定值位置是否与技术说明书一致;整定动作频率,并录取输入电压在 0.5~1.1 倍额定电压下的动作频率特性;复核继电器受温度变化影响的动作特性;继电器外部检查;清扫及螺栓复紧;写记录、出报告。 频率继电器部分检验包括整定动作频率,并录取输入电压在 0.5~1.1 倍额定电压下的动作频率特性;复核继电器受温度变化影响的动作特性;继电器外部检查;清扫及螺栓复紧;写记录、出报告

序号	项目	工作内容
6.1.17.11	三相自动重合闸继电器定期检验	三相自动重合闸继电器全部检验包括各直流继电器的检验;充电时间的检验;只进行一次重合闸的可靠性检验;停用重合闸回路的可靠性检验;继电器外部检查;清扫及螺栓复紧;写记录、出报告。 三相自动重合闸继电器部分检验包括测定整定点的动作阻抗与返回阻抗;测定整定点的最小动作电流;继电器外部检查;清扫及螺栓复紧;写记录、出报告
6.1.17.12	负序电流滤过器定期检验	负序电流滤过器全部检验包括绝缘试验;调整滤过器内部电感、电阻或电容的数值,并利用单相电源的方法调试滤过器的平衡度;检验最大短路电流下的输出电压(电流),校核接于输出回路中的各元件是否保证可靠工作,测定"滤过器-继电器"的整组动作特性,确定其动作值与返回值;在被保护设备负荷电流不低于40%额定电流下,测定滤过器的不平衡输出,其值应小于执行元件的返回值;继电器外部检查;清扫及螺栓复紧;写记录、出报告。 负序电流滤过器部分检验包括:测定"滤过器-继电器"的整组动作特性,确定其动作值与返回值;继电器外部检查;清扫及螺栓复紧;写记录、出报告
6.1.17.13	正序或负序电压滤过器定期检验	正序或负序电压滤过器全部检验包括调整滤过器的电阻及电容值,并利用单相电源的方法调试滤过器的对称性;测定"滤过器-继电器"的整组动作特性,确定一次的动作值与返回值;检验输入最大负序(正序)电压时的输出电压(电流)值,并校核回路各元件的可靠性;在实际电压回路中测定负序滤过器的不平衡输出,以确定滤过器调整的正确性;继电器外部检查;清扫及螺栓复紧;写记录、出报告。 正序或负序电压滤过器部分检验包括测定"滤过器-继电器"的整组动作特性,确定一次的动作值与返回值;在实际电压回路中测定负序滤过器的不平衡输出,以确定滤过器调整的正确性;继电器外部检查;清扫及螺栓复紧;写记录、出报告
6.1.17.14	正序或负序电流复式滤过器定期检验	正序或负序电流复式滤过器全部检验包括测量绝缘电阻;测定输入电流与输出电压的关系;检验滤过器一次电流与输出电压的相位关系,并作出伏安特性的变动范围;检验最大短路电流下的最大输出电压,并校核输出回路各元件工作的可靠性;在实际回路中,利用三相负荷电流测量滤过器的输出值,校核滤过器 K 值;继电器外部检查;清扫及螺栓复紧;写记录、出报告。 正序或负序电流复式滤过器部分检验包括测量绝缘电阻;测定输入电流与输出电压的关系;在实际回路中,利用三相负荷电流测量滤过器的输出值,校核滤过器 K 值;继电器外部检查;清扫及螺栓复紧;写记录、出报告
6.1.17.15	负序功率方向继电器定期检验	负序功率方向继电器全部检验包括负序电流、电压滤过器的全部检验项目;分别测定电压、电流滤过器一次输入与二次输出的相位角;执行元件的检验;检验整套保护一次侧负荷电压与电流的动作区,并确定最大灵敏角;在与最大灵敏角相差不大于20°的条件下,测定继电器一次侧起动伏安、返回伏安、最小动作电压及动作电流;测定输入伏安与动作时间的特性;继电器外部检查;清扫及螺栓复紧;写记录、出报告。 负序功率方向继电器部分检验包括负序电流、电压滤过器的部分检验项目;执行元启件的检验;在与最大灵敏角相差不大于20°的条件下,测定继电器一次侧启动电流、返回电流、最小动作电压及动作电流;继电器外部检查;清扫及螺栓复紧;写记录、出报告
6.1.17.16	静态继电器定期检验	静态继电器全部检验包括各元件的基本检验;保护所用逆变电源及逆变回路工作正确性及可靠性检验;抗干扰措施的实施情况;各指定测试点工作电位或工作电流正确性的测定;各逻辑回路工作性能的检验;时间元件及延时元件工作时限的测定;继电器外部检查;清扫及螺栓复紧;写记录、出报告。 静态继电器部分检验包括各元件的基本检验;保护所用逆变电源及逆变回路工作正确性及可靠性检验;各指定测试点工作电位或工作电流正确性的测定;各逻辑回路工作性能的检验;时间元件及延时元件工作时限的测定;继电器外部检查;清扫及螺栓复紧;写记录、出报告

序号	项目	工作内容
6.1.17.17	中间继电器定期检验	中间继电器全部检验包括测定线圈电阻，其值与标准值相差不大于 10%；动作值、返回值和保持值的检验；动作时间和返回时间的检验；继电器机械部分检查；清扫及螺栓复紧；写记录、出报告。 中间继电器部分检验包括测定线圈电阻，其值与标准值相差不大于 10%；动作电压与返回电压的试验；继电器外部检查；清扫及螺栓复紧；写记录、出报告
6.1.17.18	信号继电器定期检验	信号继电器全部检验包括电压型的测定线圈电阻，其值与标准值相差不大于 10%；动作值和释放值的检验；继电器机械部分检查；清扫及螺栓复紧；写记录、出报告。 信号继电器部分检验包括电压型的测定线圈电阻，其值与标准值相差不大于 10%；在 80% 额定电压下整组试验，观察信号继电器能否动作；继电器机械部分检查；清扫及螺栓复紧；写记录、出报告
6.1.17.19	气体继电器的检验	加压试验继电器的严密性；检查继电器机械情况及触点工作情况；检验触点的绝缘；检查继电器对油流速的定值；检查在变压器上的安装情况；检查电缆接线盒的质量及防油、防潮措施的可靠性；用气筒将空气打入继电器，检查其动作情况；对装设于强制冷却变压器中的继电器，检查当循环油泵启动或停止时，以及在冷却系统油管切换时所引起的油流冲击与变压器振动等各种工况，继电器是否会误动作；继电器触点间及全部引出端子对地的绝缘；清扫及螺栓（母）复紧；写记录、出报告
6.1.17.20	辅助变流器定期检验	辅助变流器全部检验包括绝缘试验；测定绕组的极性；录制工作抽头下的励磁特性曲线及短路阻抗，并验算所接入的负担在最大短路电流下是否能保证比值误差不超过 5%；检验额定电流下的变比；继电器外部检查；清扫及螺栓复紧；写记录、出报告。 辅助变流器部分检验包括绝缘试验；录制工作抽头下的励磁特性曲线及短路阻抗；检验工作抽头在额定电流下的变比；继电器外部检查；清扫及螺栓复紧；写记录、出报告
6.1.17.21	导引线继电器定期检验	导引线继电器全部检验包括综合变流器或电流滤过器及隔离变压器接线正确性的检验；绝缘试验；执行元件的检验；校核最灵敏的动作电流值与返回电流值；检验继电器输入电流与二次侧输出电压的特性；检验隔离变压器的变比；校验继电器所采用的稳压元件工作性能的一致性；根据导引电缆的实测电阻值，整定继电器内部参数；在现场实际接线条件下，进行继电器的制动特性及相位特性试验，并以此判定继电器工作的安全性；继电器外部检查；清扫及螺栓复紧；写记录、出报告。 导引线继电器部分检验包括校核最灵敏的动作电流值与返回电流值；检验继电器输入电流与二次侧输出电压的特性；根据导引电缆的实测电阻值，整定继电器内部参数；在现场实际接线条件下，进行继电器的制动特性及相位特性试验，并以此判定继电器工作的安全性；继电器外部检查；清扫及螺栓复紧；写记录、出报告
6.1.18	微机型失步（振荡）解列、过频切机（解列）、低频切负荷（解列）、低压切负荷（解列）装置定期检验	
6.1.18.1	微机型失步（振荡）解列、过频切机（解列）、低频切负荷（解列）、低压切负荷（解列）装置全部检验	外观检查；交流回路绝缘检查；上电检查；逆变电源检查；抗干扰措施；数据采集回路正确性、准确性的检验；各开入、开出回路工作性能检查；检验各信号回路正常；整定值的整定及检验；装置整组试验；与主站端配合调试；写记录、出报告

序号	项目	工作内容
6.1.18.2	微机型失步(振荡)解列、过频切机(解列)、低频切负荷(解列)、低压切负荷(解列)装置部分检验	外观检查;交流回路绝缘检查;上电检查;逆变电源检查;数据采集回路正确性、准确性的检验;装置整组试验;定值核对;与主站端配合调试;写记录、出报告
6.1.19	小电流接地选线装置检验	检验前准备工作;回路检验;二次回路绝缘检查;外观检查;上电检查;逆变电源检查;开关量输入回路检验;输出触点及输出信号检查;模数变换系统检查;整定值的整定及检验;整组试验;与厂站自动化系统、继电保护及故障信息管理系统配合进行遥控、遥测、遥信等校验;装置投运;清扫;写记录、出报告
6.1.20	微机保护故障及回路检查处理(换插件、元器件)	检验前准备工作;外观检查;上电检查;逆变电源检查;开关量输入回路检验;输出触点及输出信号检查;模数变换系统检查;整定值的整定及检验;纵联保护通道检验;整组试验;与主站端配合调试;写记录、出报告
6.1.21	断路器、隔离开关控制回路缺陷处理	断路器、隔离开关控制回路缺陷处理
6.1.22	断路器分合闸动作电压试验	断路器分合闸动作电压;写记录、出报告
6.1.23	带负荷试验	测量电压、电流的幅值及相位关系;用一次电流与工作电压判明装置接线的正确性;差流、差压;写记录、出报告;TV核相
6.1.24	在线监测装置检验	设备回路清扫;检查运行是否正常
6.1.25	保护管理机定期检验	
6.1.25.1	保护管理机全部检验	检验前准备工作;二次回路绝缘检查;外观检查;上电检查;电源检查;所用计算机及其外围设备的工作正确性及可靠性检验;输出触点及输出信号检查;模数变换系统检查;整定值的整定及检验;抗干扰措施检查;软件版本号、校验码等程序正确性和完整性检查;与系统中各保护装置的通信和网络功能的检验;数据库的正确性和完备性检查;各种保护信息的分类、合并及重要程序排序的正确性和完备性检查;其他各子系统(录波分析等)正确性和完备性检验;系统备份和数据备份
6.1.25.2	保护管理机部分检验	检验前准备工作;二次回路绝缘检查;外观检查;上电检查;软件版本号、校验码等程序正确性和完整性检查;与系统中各保护装置的通信和网络功能的检验;数据库的正确性和完备性检查;其他各子系统(录波分析等)正确性和完备性检验;与厂站自动化系统、调度自动化系统或管理信息系统的通信和网络功能的检验;对保护信息采集系统的系统备份和数据备份
6.1.26	中央信号系统检修	检验前准备工作;回路检验;二次回路绝缘检查;外观检查;继电器电阻测量;冲击继电器检验;清扫;与主站端配合调试;写记录、出报告
6.1.27	红外测温	单元间隔装置、端子、空气开关测温;写记录、出报告
6.1.28	高频收发信机定期检验	
6.1.28.1	高频收发信机全部检验	检验前准备工作;二次回路绝缘检查;外观检查;上电检查;电源检查;开关量输入回路检验;发信工作频率的正确性;收发信机发信电平、收信电平及灵敏启动电平的测定;通道监测回路工作正常;通道告警、通道裕量;设置整定值和跳线;清扫;与主站端配合调试;写记录、出报告 注:适用于微机型收发信机

序号	项目	工作内容
6.1.28.2	高频收发信机部分检验	检验前准备工作;部分二次回路绝缘检查;外观检查;上电检查;电源检查;收发信机发信电平、收信电平及灵敏启动电平的测定;通道监测回路工作正常;通道告警、通道裕量;清扫;与主站端配合调试;写记录、出报告 注:适用于微机型收发信机
6.1.29	纵联保护通道检验	载波通道检验包括绝缘电阻;测定载波通道的传输衰耗。 光纤和微波通道检验包括自环方式检查;误码率和传输时间;对于与光纤和微波通道相连的保护用附属接口设备,对其继电器输出触点、电源和接口设备的接地情况进行检查;对利用专用光纤及微波通道传输保护信息的远方设备,对其发信电平、收信灵敏电平进行测试,并保证通道裕度满足要求;与主站端配合调试;写记录、出报告 注:线路阻波器校验不包括阻波器的拆装
6.1.30	保护专用光纤接口装置定期检验	
6.1.30.1	保护专用光纤接口装置全部检验	附属仪表和其他指示信号的检验及外观检查;装置继电器输出触点、装置接地及其电源检查;模拟光纤通道的各种工况,检验机内各输出触点的动作情况;检验通道监测回路和告警回路;清扫;写记录、出报告
6.1.30.2	保护专用光纤接口装置部分检验	外观检查;装置继电器输出触点、装置接地及其电源检查;检验通道监测回路和告警回路;清扫;写记录、出报告
6.1.31	电磁型(晶体管、集成电路)保护线路间隔定期检验	
6.1.31.1	电磁型(晶体管、集成电路)保护线路间隔全部检验	检验前准备工作;回路检验;二次回路绝缘检查;外观检查;各元件基本检验项目;各逻辑回路以及有配合关系的回路之间的工作性能的检验;定值测定、时间元件及延时元件工作时限的检验;各输出回路工作性能的检验;各信号回路的检验;保护装置的整组试验及整组动作时间的测定;与厂站自动化系统进行遥控、遥测、遥信等校验;清扫;写记录、出报告;对于晶体管、集成电路型保护装置,还需做逆变电源检查、抗干扰措施、回路中各规定测试点的工作参数、各开关量输入回路工作性能的检验;含线路间隔保护装置、自动化装置、附属各单元(仪表、变送器)全检,以及信息管理机、综自主站、电流互感器等设备的配合试验,还有检验过程中元器件更换等临修工作。 注:①电容器、电抗器、接地变压器保护装置套用相同电压等级的线路保护校验定额; ②双套保护配置时人工需乘以系数1.6; ③已考虑3/2断路器接线方式及断路器保护
6.1.31.2	电磁型(晶体管、集成电路)保护线路间隔部分检验	检验前准备工作;回路检验;二次回路绝缘检查;外观检查;各元件基本检验项目;各逻辑回路以及有配合关系的回路之间的工作性能的检验;各输出回路工作性能的检验;定值测定;保护装置的整组试验及整组动作时间的测定;与厂站自动化系统进行遥控、遥测、遥信等校验;清扫;写记录、出报告;对于晶体管、集成电路型保护装置,还需做逆变电源检查、抗干扰措施、回路中各规定测试点的工作参数、各开关量输入回路工作性能的检验;含线路间隔保护装置、自动化装置、附属各单元(仪表、变送器)部检,以及信息管理机、综自主站、电流互感器等设备的配合试验,还有检验过程中元器件更换等临修工作。 注:①电容器、电抗器、接地变压器保护装置套用相同电压等级的线路保护校验定额; ②双套保护配置时人工需乘以系数1.6; ③已考虑3/2断路器接线方式及断路器保护
6.1.32	电磁型(晶体管、集成电路)母差保护定期检验	

序号	项目	工作内容
6.1.32.1	电磁型(晶体管、集成电路)母差保护全部检验	检验前准备工作;回路检验;二次回路绝缘检查;外观检查;各元件基本检验项目;各逻辑回路以及有配合关系的回路之间的工作性能的检验;定值测定、时间元件及延时元件工作时限的检验;各输出回路工作性能的检验;各信号回路的检验;保护装置的整组试验及整组动作时间的测定;与厂站自动化系统进行遥控、遥测、遥信等校验;清扫;写记录、出报告;对于晶体管、集成电路型保护装置,还需做逆变电源检查、抗干扰措施、回路中各规定测试点的工作参数、各开关量输入回路工作性能的检验。 注:母差为比率式时,人工乘以系数 1.2
6.1.32.2	电磁型(晶体管、集成电路)母差保护部分检验	检验前准备工作;回路检验;二次回路绝缘检查;外观检查;各元件基本检验项目;各逻辑回路以及有配合关系的回路之间的工作性能的检验;各输出回路工作性能的检验;定值测定;保护装置的整组试验及整组动作时间的测定;与厂站自动化系统进行遥控、遥测、遥信等校验;清扫;写记录、出报告;对于晶体管、集成电路型保护装置,还需做逆变电源检查、抗干扰措施、回路中各规定测试点的工作参数、各开关量输入回路工作性能的检验。 注:母差为比率式时,人工乘以系数 1.2
6.1.33	电磁型(晶体管、集成电路)保护变压器间隔定期检验	
6.1.33.1	电磁型(晶体管、集成电路)保护变压器间隔全部检验	检验前准备工作;回路检验;二次回路绝缘检查;外观检查;各元件基本检验项目;各逻辑回路以及有配合关系的回路之间的工作性能的检验;定值测定、时间元件及延时元件工作时限的检验;各输出回路工作性能的检验;各信号回路的检验;保护装置的整组试验及整组动作时间的测定;与厂站自动化系统进行遥控、遥测、遥信等校验;清扫;写记录、出报告;对于晶体管、集成电路型保护装置,还需做逆变电源检查、抗干扰措施、回路中各规定测试点的工作参数、各开关量输入回路工作性能的检验;含主变压器间隔保护装置、自动装置、附属各单元(仪表、变送器)全检,以及信息管理机、综合自动化主站、电流互感器等设备的配合试验,还有检验过程中元器件更换等临修工作。 注:①高压电抗器保护校验套用相同电压等级的变压器保护校验定额; ②双套保护配置时人工需乘以系数 1.6; ③已考虑 3/2 断路器接线方式及断路器保护; ④330 kV 及以下三绕组变压器总价需乘以系数 1.3
6.1.33.2	电磁型(晶体管、集成电路)保护变压器间隔部分检验	检验前准备工作;回路检验;二次回路绝缘检查;外观检查;各元件基本检验项目;各逻辑回路以及有配合关系的回路之间的工作性能的检验;各输出回路工作性能的检验;定值测定;保护装置的整组试验及整组动作时间的测定;与厂站自动化系统进行遥控、遥测、遥信等校验;清扫;写记录、出报告;对于晶体管、集成电路型保护装置,还需做逆变电源检查、抗干扰措施、回路中各规定测试点的工作参数、各开关量输入回路工作性能的检验;含主变压器间隔保护装置、自动装置、附属各单元(仪表、变送器)部检,以及信息管理机、综合自动化主站、电流互感器等设备的配合试验,还有检验过程中元器件更换等临修工作 注:①高压电抗器保护校验套用相同电压等级的变压器保护校验定额; ②双套保护配置时人工需乘以系数 1.6; ③已考虑 3/2 断路器接线方式及断路器保护; ④330 kV 及以下三绕组变压器总价需乘以系数 1.3
6.1.34	电磁型(晶体管、集成电路)备用电源自动投入装置定期检验	

序号	项目	工作内容
6.1.34.1	电磁型(晶体管、集成电路)备用电源自动投入装置全部检验	检验前准备工作;回路检验;二次回路绝缘检查;外观检查;各元件基本检验项目;各逻辑回路以及有配合关系的回路之间的工作性能的检验;定值测定、时间元件及延时元件工作时限的检验;各输出回路工作性能的检验;各信号回路的检验;保护装置的整组试验及整组动作时间的测定;与厂站自动化系统进行遥控、遥测、遥信等校验;清扫;写记录、出报告;对于晶体管、集成电路型保护装置,还需做逆变电源检查、抗干扰措施、回路中各规定测试点的工作参数、各开关量输入回路工作性能的检验
6.1.34.2	电磁型(晶体管、集成电路)备用电源自动投入装置部分检验	检验前准备工作;回路检验;二次回路绝缘检查;外观检查;各元件基本检验项目;各逻辑回路以及有配合关系的回路之间的工作性能的检验;各输出回路工作性能的检验;定值测定;保护装置的整组试验及整组动作时间的测定;与厂站自动化系统进行遥控、遥测、遥信等校验;清扫;写记录、出报告;对于晶体管、集成电路型保护装置,还需做逆变电源检查、抗干扰措施、回路中各规定测试点的工作参数、各开关量输入回路工作性能的检验
6.1.35	电压并列装置检修	检验前准备工作;回路检验;绝缘检查;外观检查;电压切换并列试验;回路清扫;螺栓复紧
6.1.36	保护巡视(特巡)	核对定值、版本、软硬压版投入状态;保护差流、差压检查测量;二次回路检查;装置是否有异常检查 注:安排多个间隔保护连续巡视时,第二个间隔基价乘以系数 0.2
6.1.37	端子箱维护	端子箱维修、清扫;更换元件
6.2	综自装置	
6.2.1	I/O 测控装置本体维护、检修	I/O 测控装置运行灯、各工作电压测量、检查、遥测、遥信、遥控信息检查核对,屏内线检查,调试报告整理;故障模板检修、更换、屏内接线、检查及通电调试,调试报告整理(单位:套)
6.2.2	监控系统维护、维修	数据库定时检查、备份,画面整理等;硬件更换、操作系统、监控软件安装,更换后综合功能的测试,数据库定期备份
6.2.3	远动通信服务器维护、维修	各模板运行灯、电压检查、测量,双机切换试验,各模拟通信口电平调整,测试记录整理;故障模板维修、更换及更换后功能、通电、各通信口测试,测试报告整理
6.2.4	远动装置维护	通道电平的测试,网络通道检查测试,UPS 电源检查测量,遥测、遥信核对及试验
6.2.5	远动通信服务器主、备机组态	遥测、遥信、遥控、配置文件的组态及组态后信息核对、调试
6.2.6	监控系统新增间隔维护	后台机系统数据库、画面、光字牌、报表的生存及修改、增加、数据库备份;监控系统与继保系统调试、直流系统、所用电系统的接口调试;间隔层和站级层网络设备调试及两者联调;监控系统与各级调度系统联调
6.2.7	遥测、遥信、遥控核对	结合一、二次设备检修、校验,遥测通电压、电流试验、校验,断路器、保护遥信核对,间隔层闭锁验证、遥控实际操作试验
6.2.8	远动变送器、交流采样遥测信息核对及更换	有功、无功、电流、电压、频率等变送器、交流采样遥测核对;更换后屏内接线检查及遥测值实测试验
6.2.9	计算机监控系统使用性评价	遥测值实测试验,遥信模拟传送时间(实际)试验,计算机监控系统主要功能的综合测试,评价报告整理
6.2.10	变电站监控系统测试	配合调度自动化系统实用化复查验收变电所监控系统测试,遥测值实测试验,遥信模拟传送时间(实际)试验,间隔层闭锁验证及综合测试,测试报告整理
6.2.11	配合有关专业检查、测试	与有关专业联调、测试远动专用模拟、数字通道、网络通道、电能量系统终端服务器;电能量系统终端服务器维修、更换、配置、调试

序号	项目	工作内容
6.2.12	以太网交换机维护、维修	交换机运行灯、各工作电压测量、各网口测试维护;交换机检修、更换及通电调试
6.2.13	规约转换维护及维修	规约转换器维护测试和更换、调试
6.2.14	远动设备通道防雷器检修	防雷接地、连接坚固检查,防雷器更换
6.2.15	远动遥信、遥控屏检修	遥信开关及遥控继电器检查、更换工作
6.2.16	变电站五防机、工程师工作站维护、检修	定期数据库备份、功能测试;本体更换检修、软件安装及通电调试、功能测试,测试报告整理;防误装置检修(单位:台)
6.2.17	变电站综合自动化系统 VQC 维护及检修	定期数据备份及功能测试;本体检修,软件安装及 VQC 功能测试、联调 注:异地检修需增加相应的载重汽车(5 t 以内)台班加 0.5
6.3	自动化主站设备	
6.3.1	自动化系统设备	
6.3.1.1	电源单元检修	设备电源性能测试、更换
6.3.1.2	服务器 / 工作站检修	设备及系统性能测试
6.3.1.3	磁盘阵列检修	设备性能测试
6.3.1.4	通道单元检修、更换	通道的性能测试、更换、调试 注:通道单元含 MODEM、数字隔离板、双通道切换板
6.3.1.5	防雷接地	检查标签、防雷接地,测量设备温度,更换标签、防雷模块、接地线
6.3.1.6	设备清扫	对设备进行除尘、清洗(单位:台)
6.3.1.7	系统 / 数据库软件修复	对服务器 / 工作站的系统 / 数据库软件进行安装修复
6.3.1.8	应用软件修复	对服务器 / 工作站的应用软件进行安装修复 注:应用软件有基本 SCADA 软件、通信规约软件、PAS 软件(状态估计、调度员潮流、短路电流计算、网络等效接口)、静态安全分析(含主变压器)/调度模拟图操作预演、拓扑五防、集控中心管理、程序化控制、站间备自投控制、保护信息管理软件、3 区服务应用软件、电压无功优化分析控制软件、DTS 调度员培训仿真、调度预案在线分
6.3.1.9	数据库记录维护	对数据软件记录进行增加、删除、修改及备份(单位:间隔) 注:控制、通信接口软件、电能量采集系统软件等
6.3.1.10	画面维护工作	对画面进行制作、删除、修改及备份
6.3.1.11	信息联调	对遥测、遥信、遥控、电能量信息进行联调维护(单位:间隔)
6.3.1.12	VQC 联调	对 VQC 控制策略进行联调维护
6.3.1.13	程序化控制联调	对遥信、遥控、操作票信息进行联调维护
6.3.1.14	保护信息联调	对保护事件、遥控软压板、定值召唤信息与控制进行联调维护
6.3.1.15	报表系统检修	对报表系统重新维护调试及检查
6.3.1.16	服务器 / 工作站综合检修	设备电源性能测试、更换;检查标签、防雷接地,测量设备温度,更换标签;对设备表面进行除尘;对设备及系统性能测试
6.3.1.17	磁盘阵列综合检修	设备电源性能测试、更换;检查标签、防雷接地,测量设备温度,更换标签;对设备表面进行除尘;对设备及系统性能测试

续表

序号	项目	工作内容
6.3.1.18	系统变电站间隔维护	对数据库数据进行增加、删除、修改及备份；对画面进行制作、删除、修改及备份；对报表系统重新维护调试及检查；对 PAS/DTS 参数维护调试及检查；对转发数据进行维护及调试检查；对遥测、通信、遥控、电能量信息进行联调维护；对保护事件、遥控软压板、定值召唤信息与控制进行联调维护
6.3.1.19	自动化系统安全防护综合测试检查	对 EMS 系统、监控系统、配网系统、电能计量系统、OMIS 系统等二次系统进行安全防护综合测试检查，测试报告整理
6.3.2	网络设备	
6.3.2.1	交换机检修、更换	设备性能测试、更换
6.3.2.2	接口转换器检修、更换	接口转换器的性能测试和更换（单位：台） 注：接口转换器包括光收发器、以太网转 2M、Rs-232 转 48；光纤转 Rs-232/485 等
6.3.2.3	数据网设备检修、更换	数据网路由器的性能测试和更换
6.3.2.4	硬件防火墙检修、更换	数据网路由器的性能测试和更换
6.3.2.5	电力专用隔离装置检修、更换	电力专用隔离装置的性能测试和更换
6.3.2.6	纵向认证加密装置检修、更换	控制策略检查与调整、隧道工作情况测试检查、密匙更换、装置更换等
6.3.2.7	IDS 探头检修、更换	IDS 探头的性能测试和更换
6.3.2.8	IDS 控制机检修、更换	IDS 控制机的性能测试、维护和更换
6.3.2.9	信息线缆检修、更换	信息线缆性能测试和更换（单位：根） 注：信息线缆包括 2M 数据线、网络线、Rs-485 及 Rs-232 线等
6.3.2.10	尾纤检修、更换	尾纤性能测试和更换
6.3.2.11	交换机综合检修	设备电源性能测试；检查标签、防雷接地，测量设备温度，更换标签；对设备表面进行除尘；对设备性能进行测试
6.3.2.12	数据网设备综合检修	设备电源性能测试；检查标签、防雷接地，测量设备温度，更换标签；对设备表面进行除尘；对数据网路由器的性能进行测试
6.3.3	显示设备	
6.3.3.1	大屏幕显示单元检修	大屏幕显示单元的性能测试
6.3.3.2	大屏幕灯泡更换	大屏幕灯泡更换
6.3.3.3	大屏幕控制器检修、更换	控制器的性能测试和更换
6.3.3.4	大屏幕切换矩阵检修、更换	矩阵的性能测试和更换
6.3.3.5	模拟屏控制箱检修、更换	模拟屏控制箱的性能测试和更换（单位：台） 注：模拟屏控制箱包括遥测控箱、通信控制箱、电源箱
6.3.3.6	模拟屏检修、更换	模拟屏的维护和更换
6.3.3.7	模拟屏数字显示器检修、更换	模拟屏数字显示器的性能测试和更换
6.3.3.8	模拟屏遥信灯检修、更换	模拟屏遥信灯的性能测试和更换

序号	项目	工作内容
6.3.3.9	LED 显示屏检修	LED 显示模块的性能测试
6.3.3.10	LED 控制器检修	LED 控制器整体性能测试
6.3.3.11	大屏幕显示单元综合检修	设备电源性能测试;检查标签、防雷接地,测量设备温度,更换标签;对设备表面进行除尘;对大屏幕显示单元的性能测试;大屏幕显示单元灯泡更换
6.3.4	同步时钟	
6.3.4.1	告警单元检修、更换	告警单元的性能测试和更换
6.3.4.2	卫星信号接收单元检修、更换	卫星信号接收单元的性能测试和更换
6.3.4.3	时钟信号输出单元检修、更换	时钟信号输出单元的性能测试和更换
6.3.4.4	钟单元检修、更换	钟单元的性能测试和更换
6.3.4.5	天馈线系统检修、更换	天馈线系统(含避雷器)检修及更换
6.3.4.6	GPS 监测装置检修、更换	GPS 监测装置的性能测试和更换
6.3.5	KVM 系统设备	
6.3.5.1	KVM 矩阵检修、更换	KVM 矩阵性能测试和更换
6.3.5.2	KVM 信号延长器检修、更换	KVM 信号延长器的性能测试和更换
6.3.5.3	视频分频器检修、更换	视频分频器的性能测试和更换
6.3.5.4	KVM 工作站检修、更换	KVM 工作站的性能测试和更换
6.3.5.5	KVM 信号接口检修、更换	KVM 信号接口的性能测试和更换
6.3.6	机房值班报警系统设备	
6.3.6.1	服务器 / 工作站检修、更换	设备及系统性能测试和更换
6.3.6.2	视频信号采集模块检修、更换	视频信号采集模块的性能测试和更换
6.3.6.3	模拟量采集器检修、更换	模拟量采集的性能测试和更换
6.3.6.4	开关量采集单元检修、更换	开关量采集板的性能测试和更换
6.3.6.5	双针探测器检修、更换	双针探测器的性能测试和更换
6.3.6.6	温、湿度变送器检修、更换	温、湿度变送器的性能测试和更换
6.3.6.7	摄像机检修、更换	摄像机的性能测试和更换
6.3.6.8	云台检修、更换	云台的性能测试和更换
6.3.6.9	短信平台检修、更换	短信平台的性能测试和更换

序号	项目	工作内容
6.3.6.10	服务器／工作站综合检修	设备电源性能测试、更换；检查标签、防雷接地，测量设备温度，更换标签；对设备表面进行除尘；对设备及系统性能进行测试

3.7　通信设备检修定额管理

1. 通信设备检修定额编制说明

1）定额编制内容与范围

本定额适用于 10~750 kV 变电站和电力通信站的通信设备检修工作，主要为国家电网有限公司通信设备检修规范的工作内容。

本定额共 13 节 456 个子目，主要分为通信设备、通信线路两部分，包含光传输设备、微波设备、PCM 设备、载波设备、电源设备、光配设备、数配设备、音配设备、通信监控设备、交换机、电视会议、通信线路等检修工作。

通信设备检修定额按通信设备本体及配件的种类分别编制，对某种型号的通信设备可根据结构及机构采用形式进行组合；通信设备的检修定额按通信设备的形式进行编制，主要是考虑虽然不同类型、不同厂家的通信设备型号不一，但组成形式基本相似，因此以通信设备形式编制检修定额，便于使用者选取。

2）定额中工作量的计算规则

Ⅰ. 光传输设备

Ⅰ）工作内容。光传输设备整机检修包括光端机引入、引出线缆的检修；设备断电、重启内部数据保持状态；环路保护运行状态检测；网管数据备份；发、收光功率，光端机灵敏度，收发信误码率，色散指标测试。光传输设备分体检修是对光端机板卡、部件的更换和性能检测。

Ⅱ）计算规则。光通信设备整机检修以"端"为计量单位，一收一发计为一端。光传输设备整机检修以 1+0 状态为基本单位，当系统为 1+1 状态时，10G 系统（TM）每端增加 6 个工日，ADM 每端增加 8 个工日，ATM 每端增加 4 个工日。光通信设备的检修中不分国产和进口，执行统一标准。光通信设备整机检修适用于设备的定期调试或整机更换后的系统调试。GE 板卡单元检修按光传输设备检修中以太网单元检修子目计取。

Ⅱ. 微波设备

Ⅰ）工作内容。微波设备整机检修包括微波设备的引入、引出线缆的检修；设备 AGC 测试；信道倒换试验；网管数据备份；发、收信电平，通道误码指标测试等。微波设备分体检修是对光端机板卡、部件的更换和性能检测。微波天、馈线检测、更换主要是对微波设备的室外部分，包括天线、馈线、高空航灯等部件进行检测和更换，检测包括天线的方位纠偏、角度调整和馈线信道测试及高空航灯亮度校验等工作。

Ⅱ)计算规则。微波设备整机检修以"端"为计量单位,一收一发计为一端。微波设备整机检修为设备本体设备检测、天馈线系统检测和对端站系统测试时,仅微波设备整机检测以整机调试计取。微波铁塔紧固定、拆装按照线路铁塔相关子目计取。微波设备网管调试按光传输设备检修本地设备网管调试计取。

Ⅲ.PCM设备

Ⅰ)工作内容。PCM设备检修包括按照PCM设备的板卡、部件进行性能检测和更换;网管数据备份。

Ⅱ)计算规则。PCM设备检修以"端"为计量单位,一个独立装置计为一端。PCM设备网管数据备份按光传输设备检修本地设备网管调试计取。PCM设备整机调试套用光传输设备检修子目计取。数据单元检修、更换按PCM设备检修二/四线单元检修、更换、检测子目计取。

Ⅳ.载波设备

Ⅰ)工作内容。载波设备检修包括载波设备、高频通道的板卡、部件性能检测和更换。本定额中高频通道包括阻波器、结合滤波器、接地开关、高频电缆,但不包括耦合电容器。

Ⅱ)计算规则。载波设备、高频通道设备检修以"台"为计量单位,一个独立装置计为一台。载波设备整机调试按光传输设备检修子目计取。传输保护的载波设备整机调试按光传输设备检修子目计取。

Ⅴ.电源设备

Ⅰ)工作内容。通信电源设备检修包括独立通信电源设备板卡和部件性能检测和更换;交流电源倒换试验;交直流电源线的紧固。

Ⅱ)计算规则。通信电源设备检修以"组"为计量单位,一个独立装置计为一组。通信电源设备内部连线检查以"组"为计量单位。一个屏柜的所有进出线及内部连线计为一组。蓄电池维护及充放电试验参照交直流系统检修子目计取。

Ⅵ.光配、数配和音配设备

Ⅰ)工作内容。光配设备检修包括光配设备的纤芯、熔接盘、固定单元、光纤连接器的清洁,纤芯定期性能测试和光纤跳线整理。数配设备检修包括数配设备连接器的定期性能测试和数字电缆整理。音配设备检修包括保安器的定期性能测试和音频电缆的扎线、卡线、接头制作、整理。

Ⅱ)计算规则。光配、数配、音配设备检修以"架"为计量单位,一个独立机柜计为一架。数配设备中的"端子"数量以一收一发数字端口计为一个端子。音频设备中的"端子"数量以一个a、b模块端口计为一个端子。光配线架内束状尾纤的性能测试及更换不含接续,束状尾纤接续套用光缆接续定额。数配设备中的数字电缆改线和布线包括电缆的固定和性能测试,其计取以每条为基本单位,其每条数字电缆芯数为2对。音配设备中的音频电缆改线和布线包括扎线、卡线和性能测试,其计取以每条为基本单位,其每条音频电缆芯数为25对。

Ⅶ. 通信监控设备

Ⅰ)工作内容。通信监控设备检修包括中心站和厂站服务器、工作站和监控装置的板卡和部件的更换和性能检测,通信监控网管中网元节点的增减、管理模块数据库维护,但被监测设备的通信协议软件开发未包括其中。

Ⅱ)计算规则。通信监控设备检修以"端"为计量单位,一个独立装置计为一端。通信监控网管中网元节点的增减、管理模块数据库维护参照光传输设备检修子目计取。调制解调器检修和更换按通信监控网桥及以太网单元检修、更换计取。采集器是对光纤设备、微波设备、载波设备、交换机、通信电源设备数据采集的装置。蓄电池监测装置的检查、更换按本子目计取。

Ⅷ. 交换机设备

Ⅰ)工作内容。交换机设备检修包括行政和调度交换机板卡和部件的更换、性能检测和 2M 数据电缆布线和性能测试。

Ⅱ)计算规则。交换机检修以"组"为计量单位,一个独立装置计为一组。交换机检修不分行政和调度交换机。2M 单元、信令单元检修中检查和性能测试时,不计取中频电缆和接头材料。录音系统检修是以 1+0 状态为基本单位,当系统为 1+1 状态时,每组增加 1 个工日。调度台系统检修是以单手柄为基本单位,当调度台系统为双手柄时,每组增加 1 个工日。交换机话务台检修按交换机维护终端检查子目计取。

Ⅸ. 电视会议设备

Ⅰ)工作内容。电视会议设备检修包括会议电视设备和会议电话设备的板卡检查、更换、性能检测和系统软件调试。

Ⅱ)计算规则。电视会议设备检修板卡单元以"盘"为计量单位,一个独立模块单元计为一盘。电视会议设备电源单元检修板卡单元以"组"为计量单位,一个独立装置计为一组。会议电话设备交换机板卡检查按交换机检修子目计取。会议电话系统软件调试按子目计取。

Ⅹ. 通信线路

Ⅰ)工作内容。通信线路检修适用于现有通信线路检修工作,含普通光(电)缆及 10~220 kV 线路附挂的 ADSS 光缆。

Ⅱ)计算规则。本定额主要针对目前系统中常用通信线路的检修工作编制。定额中的线路施工条件按平地考虑,如在其他地形条件下施工,在无其他规定的情况下,丘陵、水田地形时人工、机械定额乘以系数 1.3;市区、山区地形时人工、机械定额乘以系数 1.5。架空光(电)缆在 10 kV 线路与 380 V 电源线路或 200 V 路灯线路杆之间施工时,人工定额乘以系数 1.3。35~220 kV 线路带电检修 ADSS 光缆时,相关子目人工定额乘以系数 1.3。

3)定额未包括的工作内容

(1)未考虑通信设备中设备基础(包括支架、底座、槽钢等)制作及安装。

(2)未考虑通信设备本体及机构支架、附件、端子箱的防腐和喷漆工程,此类工作可以另外套用防腐定额。

（3）未考虑通信设备的蓄电池维护及充放电试验，蓄电池维护及充放电套用变电交直流部分相应子目。

（4）未考虑通信线路的基础与接地检修。

（5）未考虑通信线路检修的工地运输。

（6）未考虑通信线路 35~750 kV 线路 OPGW 光缆的检修。

4）其他说明

定额中的人工工日不分工种及技术等级，均以综合工日表示，包括技术用工与辅助用工。

本定额根据通信系统自身特点按中心站和终端站（远端站）的界定，以及中心站和终端站（远端站）的通信需求进行分列。

由于不同型号通信线路的本体主件及相关配件采用形式不一样，故通信线路检修定额按通信线路本体及配件附件的种类分别编制。

实际检修内容与综合检修对应定额子目内容一致时，应直接套用综合检修对应定额子目，不应分解套用单项检修对应定额子目。

本定额已考虑材料在 100 m 范围以内的场内移运。

如同一变电站内在同一天内进行检修的同类对象为 n 个（n>1），按以下原则选用对应定额子目：第一台取系数 1.0，此后增加台数的人工、机械费均应取系数 0.8。

2. 通信设备检修定额条目划分

通信设备检修定额条目划分，见表 3-7。

表 3-7　通信设备检修定额条目划分

序号	项目	工作内容
7.1	光传输设备	
7.1.1	整机检测	对光端机整体安装状态进行检测，包括光端机引入、引出线缆的检修，设备断电、重启内部数据保持状态，环路保护运行状态检测；测试主要性能指标，包括发、收光功率，光端机灵敏度，收发信误码率，色散指标等。 注：本定额中整体系统调试为 1+0 状态，当系统为 1+1 状态时，10G 系统（TM）每端增加 2 个工日，（ADM）每端增加 2 个工日，ATM 每端增加 1 个工日，（TM）每端增加 1 个工日；2.5G 系统（TM）每端增加 2 个工日，（ADM）每端增加 3 个工日
7.1.2	设备网管测试	对网络管理系统进行设备检测，硬件系统包括服务器、终端管理器、专业路由器、分集线器、显示器等设备；软件系统包括网络管理系统的数据库、运行界面、支持系统等；软硬件设计包括软件系统的版本升级、硬件系统部件升级、更换工作
7.1.3	光设备分体检测部分	按照光通信设备的组成，结合实际需要对部分板卡和部件进行检测，检测工作包括对板卡性能的确认、更换，以及对更换后板卡应该提供的功能进行测试、确认
7.2	微波设备	
7.2.1	整机检测	对微波设备整体安装状态进行检测，包括微波设备的引入、引出线缆的检修，设备内部链路数据保持状态，链路运行状态检测；测试主要性能指标包括发、收信电平，设备灵敏度，收发信误码率，通道误码等
7.2.2	微波全电路检测	对微波系统的整体运行状况进行测试，主要针对双方站点链路通道的测试和联调工作

序号	项目	工作内容
7.2.3	微波设备分体检测	按照微波设备的组成,结合实际需要对部分板卡和部件进行检测,检测工作包括对板卡性能的确认、更换,以及对更换后板卡应该提供的功能进行测试、确认
7.2.4	天、馈线检测、更换	对微波设备的室外部分,包括天线、馈线、高空航灯等部件进行检测,包括设备更换、方位纠偏、角度调整、馈线信道测试、高空航灯亮度校验等工作 注:微波铁塔按照线路铁塔取费维护,微波设备网管参照光端机
7.3	PCM 设备	按照 PCM 设备的组成,结合实际需要对部分板卡和部件进行检测,包括对板卡性能的确认、更换,以及对更换后板卡应该提供的功能进行测试、确认 注:PCM 设备网管参照光端机
7.4	载波设备	按照载波设备的组成,结合实际需要对部分板卡和部件进行检测,包括对板卡性能的确认、更换,以及对更换后板卡应该提供的功能进行测试、确认
7.5	电源设备	按照通信电源设备的组成,结合实际需要对部分板卡和部件进行检测,包括对板卡性能的确认、更换,以及对更换后板卡应该提供的功能进行测试、确认
7.6	光配设备	整理光跳纤
7.7	数配设备	
7.8	音配设备	定期测试检查音频端口的性能,检查音频端口的保安器情况及其更换,布放音频电缆及音频电缆改接线工作
7.9	通信监控设备	按照通信监控设备的组成,结合实际需要对部分板卡和部件进行检测,包括对板卡性能的确认、更换,以及对更换后板卡应该提供的功能进行测试、确认
7.10	交换机	按照电话程控交换机的组成,结合实际需要对部分板卡和部件进行检测,包括对板卡性能的确认、更换,以及对更换后板卡应该提供的功能进行测试、确认
7.11	电视会议设备	按照电视会议设备的组成,结合实际需要对部分板卡和部件进行检测,包括对板卡性能的确认、更换,以及对更换后板卡应该提供的功能进行测试、确认
7.12	其他	通信检修工作中的通用性工作列计,本子项的检测工作使用通信所有类型设备,其中机框接地检查包括通信机架接地性能检测,判断接地是否满足专业要求以及重新增加接地点,完善接地性能;设备内部连线检测包括通信设备机架中光纤、线缆的整理、绑扎、更换等工作;防雷检查包括进线交直流防雷模块的测试、更换工作;温度检测包括设备机架中通信主设备各主要部件的温度测试、记录以及判断是否满足运行要求 注:本项涉及的检查内容适用于所有类型的设备
7.13	通信线路检修	
7.13.1	杆塔与架空吊线	
7.13.1.1	自立杆更换	拆换原杆及杆上金具、拉线、缆线,装拆临时拉线等
7.13.1.2	金具紧固、拉线调整、拉棒检查及更换	金具螺栓紧固,补加螺栓,拉线松紧度调整,拉棒开挖检查及更换
7.13.1.3	拉线、拉棒加装防盗装置、防腐	拉线、拉棒加装防盗帽,拉棒沥青清漆防腐,拉线警示管安装
7.13.1.4	架空吊线弧垂调整及更换	调整架空吊线弧垂的位置和高度,对架空吊线进行更换,清除吊线障碍物
7.13.1.5	ADSS 光缆弧垂调整	调整 ADSS 光缆弧垂的位置和高度
7.13.1.6	架空吊线的保护更换,补缺挂钩、标牌	更换架空吊线穿越配电变压器、电缆等障碍物的保护,补缺光缆的挂钩、标牌

序号	项目	工作内容
7.13.2	附件部分	
7.13.2.1	金具螺栓检查并复紧	对金具螺栓松动进行检查并重新紧固,OPGW 光缆参照地线金具检修定额
7.13.2.2	直线金具更换	普通架空线路的直线金具更换,ADSS 光缆直线金具更换,OPGW 光缆金具参照地线金具检修定额
7.13.2.3	耐张金具更换	普通架空线路的耐张金具更换,ADSS 光缆直线金具更换,OPGW 光缆金具参照地线金具检修定额
7.13.2.4	余缆架的更换	对余缆架进行更换,整理余缆
7.13.2.5	防震金具更换、增补,引下线夹增补	对防震金具进行补缺或更换,引下线夹增补
7.13.2.6	接线盒检查、紧固	对各种接线盒打开检查,拆挂余缆并绑扎,重新紧固
7.13.2.7	光缆分线箱检查、紧固	对光缆分线箱打开检查,并对分线箱及进出线缆进行整理紧固
7.13.2.8	电缆分线箱检查、紧固	对电缆分线箱打开检查,并对分线箱及进出线缆进行整理紧固
7.13.2.9	光缆分线箱更换	对光缆分线箱进行更换(不包括纤芯熔接)
7.13.2.10	电缆分线箱更换	对电缆分线箱进行更换
7.13.3	光、电缆部分	
7.13.3.1	架空光缆	对架空普通光缆、ADSS 光缆进行拆旧及重新布放、更换
7.13.3.2	架空电缆	对架空光(电)缆进行拆旧及重新布放、更换,更换槽道式、槽板式光电缆
7.13.3.3	更换成端电缆、墙壁电缆	对成端电缆、墙壁式电缆进行拆旧、更换
7.13.3.4	管道光(电)缆	对管道敷设光(电)缆进行拆旧及重新布放、更换(不包括子管敷设)
7.13.3.5	光缆接续	对光缆进行接续,包括成端接头
7.13.3.6	普通光缆及 ADSS、OPGW 光缆单盘测试	测量准备、切缆、清洗光纤、测量、记录数据、封缆头等
7.13.3.7	光缆中继段测试	对地区网、主干网光缆进行中继段测试(测波长、衰减、光功率,光谱分析)
7.13.3.8	电缆接续	对电缆进行接续,包括成端接头;电缆全程调试(包括环阻、绝缘、对地平衡)
7.13.4	其他	
7.13.4.1	线路通道内埋设警告标志牌	在线路通道内进行警告标志牌的修补工作
7.13.4.2	管道及人井、手孔	排管浇制、直埋钢管、人井、手孔、抽水(清淤)等
7.13.4.3	揭盖电力盖板、子管穿放、防火封堵、打穿墙洞、引上钢管	揭盖电力盖板、子管穿放、防火封堵、打穿墙洞、引上钢管等
7.13.4.4	跨越部分	跨越电力线路、建筑、河流、铁路、公路等

3.8　电气试验定额管理

1. 电气试验定额编制说明

1）定额编制内容与范围

本定额适用于 10~750 kV 电力系统中一次设备的电气试验工作,主要为国家电网公司有限输变电设备检修规范的工作内容。

本定额共 11 节,按变压器、开关类设备、GIS 设备、电流互感器、电压互感器、避雷器、电容器、接地引下线、穿墙套管、母线、电缆的不同形式分为 11 节,主要为以上设备的常规交接、预防性试验等工作。

每个电试子目均以正常电试工作量为基准考虑定额,使用时根据实际的工作内容选取相应的定额子项,已考虑电试工作项目前期准备、现场作业、后期总结等全过程工作。

电试对应定额子目如下:

（1）交接试验对应定额子目:指新安装设备的现场试验、解体性检修后的试验,以及返厂大修后的试验（详见对应定额子目工作内容说明）。

（2）预防性试验对应定额子目:指根据停电计划安排所进行的预防性试验（详见对应定额子目工作内容说明）。

（3）必要时试验对应定额子目:指根据设备运行状况制定的相关试验内容（详见对应定额子目工作内容说明）。

2）定额中各项试验内容和工作量的计算规则

Ⅰ. 变压器试验

Ⅰ）主要工作内容与范围

（1）本定额包含变压器常规交接试验与预防性试验两部分内容。交接试验指新安装设备的现场试验、解体性检修后的试验,以及返厂大修后的试验。预防性试验指根据停电计划安排所进行的预防性试验。必要时试验指根据设备运行状况制定的相关试验内容。

（2）本定额未包括局放试验,110 kV 及以上变压器耐压试验、绝缘油试验、变形（频谱）试验、SF_6 气体试验等工作,此类工作可以套用特殊试验项目。

Ⅱ）工程量计算规则

例 1: 500 kV 三相分体变压器交接试验定额 = 常规交接试验项目基价 + 局部放电 + 耐压试验 + 绝缘油试验 + 频谱试验。

例 2: 35 kV 气体绝缘变压器预试定额 = 常规预试项目基价 + SF_6 气体试验。

例 3: 10 kV 油浸式电抗器交接试验定额 = 常规交接试验项目基价 + 绝缘油试验。

Ⅱ. 开关类设备试验

Ⅰ）主要工作内容与范围

（1）本定额包含 SF_6 断路器、少油断路器、真空断路器的常规交接试验与预试三部分内容。

（2）SF₆ 断路器定额未包括 SF₆ 气体试验等工作,此类工作可以套用特殊试验项目。

（3）少油断路器定额未包括绝缘油试验等工作,此类工作可以套用特殊试验项目。

（4）本定额未包括 110 kV 及以上断路器耐压试验定额,此类工作可以套用特殊试验项目。

Ⅱ）工程量计算规则

例 4:35 kV 少油断路器交接试验定额 = 常规交接试验项目基价 + 绝缘油试验。

例 5:220 kV SF₆ 断路器交接试验定额 = 常规交接试验项目基价 +SF₆ 气体试验 + 断路器耐压试验。

Ⅲ.GIS 设备试验

Ⅰ）主要工作内容与范围

（1）本定额包含 GIS 常规交接试验与预试两部分内容。

（2）本定额未包括 GIS 内的电流互感器、电压互感器、避雷器等的特性试验项目定额。

（3）本定额未包括 GIS 交流耐压试验,此类工作可以套用特殊试验项目。

（4）本定额未包括 SF₆ 气体试验定额,此类工作可以套用特殊试验项目。

Ⅱ）工程量计算规则

GIS 交流耐压试验可根据试验设备容量分段进行。若分 2 段进行耐压试验,按照 GIS 交流耐压定额乘以系数 1.5;若分 3 段进行耐压试验,按照 GIS 交流耐压定额乘以系数 2。

例 6：220 kV GIS 设备交接试验（分 2 段进行耐压试验）定额 = 常规交接项目基价 +SF₆ 气体试验 +GIS 交流耐压试验 × 1.5。

Ⅳ. 电流互感器试验

Ⅰ）主要工作内容与范围

（1）本定额包含 SF₆ 电流互感器、充油电流互感器、环氧电流互感器常规交接试验与预试三部分内容。

（2）SF₆ 电流互感器定额未包括 SF₆ 气体试验等工作,此类工作可以套用特殊试验项目。

（3）充油电流互感器定额未包括绝缘油试验等工作,此类工作可以套用特殊试验项目。

（4）本定额未包括 110 kV 及以上电流互感器局部放电试验,SF₆ 电流互感器交流耐压试验定额,此类工作可以套用特殊试验项目。

Ⅱ）工程量计算规则

例 7：220 kV SF₆ 电流互感器交接试验定额 = 常规交接项目基价 + SF₆ 气体试验 + 电流互感器交流耐压试验 + 电流互感器局部放电试验。

Ⅴ. 电压互感器试验

Ⅰ）主要工作内容与范围

（1）本定额包含电容式电压互感器、电磁式电压互感器常规交接试验与预试两部分内容;其中电磁式电压互感器包含环氧电压互感器、充油电压互感器、SF₆ 电压互感器。

（2）充油电压互感器定额未包括绝缘油试验等工作,此类工作可以套用特殊试验项目。

（3）SF_6 电压互感器定额未包括 SF_6 气体试验等工作,此类工作可以套用特殊试验项目。

（4）本定额未包括 110 kV 及以上电磁式电压互感器局部放电试验、110 kV 及以上电压互感器交流耐压试验定额,此类工作可以套用特殊试验项目。

（5）局部放电试验与耐压试验同时进行。

Ⅱ)工程量计算规则

例 8：110 kV 充油电压互感器交接试验定额＝常规交接项目基价＋绝缘油试验＋电压互感器交流耐压试验＋电压互感器局部放电试验。

Ⅵ. 避雷器试验

主要工作内容与范围:

（1）本定额包含金属氧化物避雷器常规交接试验与预试两部分内容;

（2）本定额计量单位为"组",即一相避雷器;

（3）本定额未包括阀型避雷器试验、红外热成像测试。

Ⅶ. 电容器试验

主要工作内容与范围:

（1）本定额包含集合式电容器、片架式电容器、耦合电容器常规交接试验与预试三部分内容;

（2）本定额未包括绝缘油试验等工作,此类工作可以套用特殊试验项目。

Ⅷ. 接地引下线试验

Ⅰ)主要工作内容与范围

（1）本定额包含一次设备接地引下线试验内容。

（2）接地引下线导通试验不包括 10 kV 箱式变压器的接地电阻测试。

（3）本定额计量单位为"站",即一座变电站内的所有接地引下线试验定额。

（4）本定额未包括接地网试验、接触电势和跨步电压测试等试验,此类工作可以套用特殊试验项目。

Ⅱ)工程量计算规则

本定额按照站内接地引下线数目分类计算定额,与变电站电压等级无关。

例 9:某变电站内接地引下线数量为 165 个,则其基价为 X 元。

Ⅸ. 穿墙套管试验

主要工作内容与范围:

（1）本定额包含穿墙套管交接与预试试验内容;

（2）本定额未包括绝缘油试验,此类工作可以套用特殊试验项目;

（3）对于带电流互感器的穿墙套管,电流互感器试验时应套用电流互感器电试定额。

Ⅹ. 母线试验

Ⅰ)主要工作内容与范围

（1）本定额包含母线交接与预试试验内容。

（2）本定额计量单位为"段／三相"，两个电气连接点之间即为一段。

（3）开关柜内母线、封闭母线参照本定额。

Ⅱ）工程量计算规则

母线预试试验可根据试验设备容量分段进行。若分 2 段进行试验，按照母线预试定额基价乘以系数 1.5；若分 3 段进行预试试验，按照母线预试定额基价乘以系数 2。

例 10：某 35 kV 母线预试试验定额（分 3 段进行）＝ 常规预试项目基价 ×2。

ⅩⅠ . 电缆试验

电缆常规试验分为预防性试验和交接试验。预试试验是对电缆护层等周期性的材料质量的检查。交接试验是更换检修竣工后对电缆线路的安装质量进行检验，及时发现和排除电缆在施工过程发生的严重损伤。

Ⅰ）预防性试验。预防性试验包括电缆护层试验、纸绝缘电缆潮气校验、充油电缆的耐压介损和采取油样试验。

（1）工作内容：试验设备移运及布置，接电及布线，遥测绝缘电阻，电缆头、电缆油、护层耐压和介损试验，电缆开封头校潮等，试验后复位，拆闷头，放油，取样，堵油还原。

（2）工程量计算规则：电缆护层试验的遥测及耐压试验均以电缆盘或段数为单位计算；电缆油耐压、介损试验和采油样以"瓶"为计量单位，瓶为取样的瓶数；电缆潮气检验以电缆盘数为单位计算。

（3）相关使用说明：各种电缆都做遥测试验、耐压试验（10 kV/1 min）；电缆油耐压、介损试验只针对充油电缆；油浸纸绝缘电缆应进行电缆两端校潮试验，交联聚乙烯电缆同样也可以用油浸纸绝缘电缆校潮的方法检查有无水分，如有水分采用抽真空等方法驱除潮气。

Ⅱ）交接试验。交接试验是在电缆敷设完成后进行的试验，包括电缆主绝缘（直流或交流耐压）试验、电缆参数测定、波阻抗试验、电缆护层试验及充油电缆的油试验。

（1）工作内容：试验设备移运及布置，接电及布线，核相，遥测绝缘电阻，参数测定，波阻抗测量，电缆头、电缆油、护层耐压及交叉互联系统试验，介质损失试验，耐压试验，含气量及油流检查，油色谱分析等，试验后复位。

（2）工程量计算规则：交流耐压试验是对交联电缆线路进行的系统质量检验，以电缆"相"为计量单位，避雷器及其计数器试验，以"只"为计量单位，同时试验二相时乘以系数 1.25、三相时乘以系数 1.5；电缆护层试验，包括遥测、耐压试验和交叉互联系统试验，以一个交叉互联段为一个计量单位。互联段通常在电缆线路中，为了平衡各种参数，将一个线路分为三个或三的倍数的等长线路段，在交接处 A、B、C 三相按顺序换位，其中一段称为一个交叉互联段；耐压、介损试验和色谱分析只对充油电缆而言，以采样的"瓶"数为计量单位，包括中间头、终端头、压力箱以及电缆本体。

（3）相关使用说明：油纸绝缘电缆线路的电缆试验，目前仍然以直流耐压试验为主；对交联聚乙烯电缆，特别是高压等级的交联聚乙烯电缆宜做交流耐压试验。因为交联聚乙烯电缆绝缘的缺陷在直流耐压试验下不易被发现，而且会造成电缆绝缘的损伤；更换电缆测量绝缘电阻是检查电缆线路绝缘状态最简便的方法；电缆更换、接头安装前后，均要进行电缆护层遥测、电缆护层耐压试验,每盘电缆按 3 次考虑。

3）定额未包括的工作内容

（1）没有考虑变压器局部放电试验、110 kV 及以上变压器耐压试验、绝缘油试验、变形（频谱）试验、SF_6 气体试验等工作,此类工作可以套用特殊试验项目。

（2）没有考虑 SF_6 断路器的 SF_6 气体试验、交流耐压试验等工作,此类工作可以套用特殊试验项目。

（3）没有考虑少油断路器的绝缘油试验,此类工作可以套用特殊试验项目。

（4）没有考虑 GIS 交流耐压试验、SF_6 气体试验,此类工作可以套用特殊试验项目。

（5）没有考虑 GIS 内的电流互感器、电压互感器、避雷器等设备的特性试验项目定额,此类工作可以套用本检修定额相关章节内容。

（6）没有考虑 SF_6 电流互感器的 SF_6 气体试验、110 kV 及以上电流互感器局部放电试验、SF_6 电流互感器交流耐压试验等工作,此类工作可以套用特殊试验项目。

（7）没有考虑 SF_6 电压互感器的 SF_6 气体试验,充油电压互感器未包括油试验等,此类工作可以套用特殊试验项目

（8）没有考虑电容器的绝缘油试验,此类工作可以套用特殊试验项目。

（9）没有考虑接地网试验、接触电势和跨步电压测试等工作,此类工作可以套用特殊试验项目。

（10）没有考虑穿墙套管的绝缘油试验,此类工作可以套用特殊试验项目。

4）其他说明

试验项目按照交接及预防性试验相关规程项目以及国家电网有关公司有关文件执行。如 DL/T 596—2021《电力设备预防性试验规程》,GB 50150—2016《电气设备装置安装工程　电气设备交接试验标准》,Q/GDW168—2008《输变电设备状态检修试验规程》。

人工定额考虑的是在正常气候条件下进行的工作。对于带电作业,按照相关定额人工费乘以系数 1.1 计算。

电试定额设备容量及电压等级按常见容量划分,部分设备容量及电压等级没有考虑,如实际容量及电压等级与定额的容量及电压等级不符,应套用电压等级上一级的对应定额子目。

10~220 kV 变压器按单台基价定额。本定额中三相分体 500、750 kV 变压器按单台基价定额,三相共体 500 kV 变压器按单台变压器定额乘以系数 1.5 计算。

局部放电试验与耐压试验同时进行时,只计取局部放电试验定额。

全密封设备一般不进行绝缘油试验。

避雷器电试子目未包括阀型避雷器试验。

接地引下线导通试验不包括 10 kV 箱式变压器的接地电阻测试。

110 kV 及以上穿墙套管预试时需要高空作业,已考虑使用高架车、吊车等试验机械。

对于带电流互感器的穿墙套管,电流互感器试验时应套用电流互感器电试定额。

母线预防性试验已考虑进行核相试验。

开关柜内母线、封闭母线参照母线试验子目定额。

特殊试验项目预算编制时,列入其他费用。特殊试验项目包括变压器局部放电试验(与变压器耐压试验同时进行);变压器耐压试验;绝缘油试验;SF_6气体试验;变压器频谱试验;断路器交流耐压试验;GIS交流耐压试验;电流/电压互感器局部放电试验(与电流/电压互感器耐压试验同时进行);电流/电压互感器交流耐压试验;接地网试验;交流法接地电阻、接触电势、跨步电压测试;金属氧化锌避雷器持续运行电压下的持续电流测量;支柱绝缘子探伤。

2. 电气试验定额条目划分

电气试验定额条目划分(摘要),见表3-8。

表 3-8　电气试验定额条目划分(摘要)

序号	项目	工作内容
8.1	变压器电气试验	
8.1.1	变压器试验	
8.1.1.1	变压器试验(交接)	绕组连同套管的直流电阻;绕组的绝缘电阻;吸收比;极化指数;绕组连同套管的介质损耗;电容型套管的介质损耗和电容值;铁芯(有外引接线的)绝缘电阻;绕组所有分接的电压比;校核三相变压器的接线组别或单项变压器极性;有载开关或无载开关;低电压短路阻抗;直流泄漏试验;空载损耗测量;负载损耗测量;校核励磁特性曲线;套管中的电流互感器绝缘;低电压空载试验;35 kV及以下变压器交流耐压试验。注:500 kV三相共体变压器按500 kV单台变压器乘以系数1.5
8.1.1.2	变压器试验(预试)	绕组连同套管的直流电阻;绕组的绝缘电阻;吸收比;极化指数;绕组连同套管的介质损耗;电容型套管的介质损耗和电容值;铁芯(有外引接线的)绝缘电阻;低电压空载试验;低电压短路阻抗。注:500 kV三相共体变压器按500 kV单台变压器乘以系数1.5
8.1.2	电抗器试验	
8.1.2.1	干式电抗器电气试验	干式电抗器电气试验(交接)包括支柱绝缘子的绝缘电阻;支柱绝缘子的交流耐压;直流电阻;电感量测量。干式电抗器电气试验(预试)包括直流电阻;电感量测量(单位:台)
8.1.2.2	油浸式电抗器试验	油浸式电抗器试验(交接)包括绕组连同套管的直流电阻;绕组的绝缘电阻;绕组连同套管的介质损耗;交流耐压;阻抗测量。油浸式电抗器试验(预试)包括绕组连同套管的直流电阻;绕组的绝缘电阻;绕组连同套管的介质损耗;阻抗测量
8.1.3	消弧线圈试验	
8.1.3.1	消弧线圈电气试验(交接)	绕组连同套管的直流电阻;绕组的绝缘电阻;绕组连同套管的介质损耗;交流耐压;整体密封检查
8.1.3.2	消弧线圈电气试验(预试)	绕组连同套管的直流电阻;绕组的绝缘电阻;绕组连同套管的介质损耗;整体密封检查
8.2	开关类设备电气试验	
8.2.1	SF_6断路器电气试验	

序号	项目	工作内容
8.2.1.1	SF$_6$ 断路器试验（交接）	绝缘电阻；导电回路电阻；交流耐压；辅助回路和控制回路绝缘电阻；辅助回路和控制回路交流耐压；断口间并联电容器的绝缘电阻、电容量和介质损耗；合闸电阻值和合闸电阻的投入时间；断路器的速度特性；断路器的时间参数；分、合闸电磁铁的动作电压；分、合闸绕组直流电阻
8.2.1.2	SF$_6$ 断路器试验（预试）	导电回路电阻；辅助回路和控制回路绝缘电阻；断口间并联电容器的绝缘电阻、电容量和介质损耗；合闸电阻值和合闸电阻的投入时间
8.2.2	少油断路器电气试验	
8.2.2.1	少油断路器试验（交接）	绝缘电阻；泄漏电流；导电回路电阻；灭弧室的并联电容器的绝缘电阻、电容量和介质损耗；交流耐压；辅助回路和控制回路绝缘电阻；辅助回路和控制回路交流耐压；断路器时间参数、合闸时间、分闸时间及重合闸时间；断路器的分、合闸速度；断路器的分、合闸同期性；操动机构合闸接触器和分、合闸电磁铁的最低动作电压；分、合闸绕组直流电阻和分、合闸电磁铁绕组的直流电阻
8.2.2.2	少油断路器试验（预试）	绝缘电阻；泄漏电流；导电回路电阻；灭弧室的并联电容器的绝缘电阻、电容量和介质损耗；辅助回路和控制回路绝缘电阻
8.2.3	真空断路器电气试验	
8.2.3.1	真空断路器试验（交接）	绝缘电阻；交流耐压；导电回路电阻；辅助回路和控制回路绝缘电阻；辅助回路和控制回路交流耐压；断路器的合闸时间、分闸时间，分、合闸的同期性，触头开距，合闸时的弹跳过程；操动机构合闸接触器和分、合闸电磁铁的最低动作电压；合闸接触器和分、合闸电磁铁绕组的绝缘电阻和直流电阻；真空灭弧室真空度的测量
8.2.3.2	真空断路器试验（预试）	绝缘电阻；交流耐压；导电回路电阻；辅助回路和控制回路绝缘电阻；断路器的合闸时间、分闸时间，分、合闸的同期性，触头开距，合闸时的弹跳过程
8.3	GIS 设备电气试验	
8.3.1	GIS 设备试验（交接）	绝缘电阻；导电回路电阻；辅助回路和控制回路绝缘电阻；辅助回路和控制回路交流耐压；断路器的速度特性；断路器的时间参数；分、合闸电磁铁的动作电压；GIS 中的断路器、电流互感器、电压互感器和避雷器
8.3.2	GIS 设备试验（预试）	导电回路电阻；辅助回路和控制回路绝缘电阻
8.4	电流互感器电气试验	
8.4.1	SF$_6$ 电流互感器电气试验	
8.4.1.1	SF$_6$ 电流互感器试验（交接）	一、二次绕组及末屏的绝缘电阻；介质损耗及电容量；极性检查；各分接头的变比检查；校核励磁特性曲线
8.4.1.2	SF$_6$ 电流互感器试验（预试）	一、二次绕组及末屏的绝缘电阻；介质损耗及电容量
8.4.2	充油电流互感器电气试验	
8.4.2.1	充油电流互感器试验（交接）	一、二次绕组及末屏的绝缘电阻；介质损耗及电容量；交流耐压试验；极性检查；各分接头的变比检查；密封检查
8.4.2.2	充油电流互感器试验（预试）	一、二次绕组及末屏的绝缘电阻；介质损耗及电容量
8.4.3	环氧电流互感器电气试验	
8.4.3.1	环氧电流互感器试验（交接）	一、二次绕组及末屏的绝缘电阻；交流耐压试验；局部放电；校核励磁特性曲线
8.4.3.2	环氧电流互感器试验（预试）	一、二次绕组及末屏的绝缘电阻；局部放电
8.5	电压互感器电气试验	
8.5.1	电容式电压互感器电气试验	

序号	项目	工作内容
8.5.1.1	电容式电压互感器试验（交接）	中间变压器的绝缘电阻；极性；电压比；极间的绝缘电阻；电容值；电容的介质损耗；渗漏油检查；低压端对地绝缘电阻
8.5.1.2	电容式电压互感器试验（预试）	中间变压器的绝缘电阻；极间的绝缘电阻；电容值；电容的介质损耗
8.5.2	电磁式电压互感器电气试验	
8.5.2.1	电磁式电压互感器试验（交接）	一、二次绕组及末屏的绝缘电阻；极性检查；各分接头变比检查；电容量及介质损耗；局部放电；交流耐压；校核励磁特性曲线；密封检查
8.5.2.2	电磁式电压互感器试验（预试）	一、二次绕组及末屏的绝缘电阻；电容量及介质损耗；局部放电
8.6	金属氧化物避雷器电气试验	
8.6.1	金属氧化物避雷器试验（交接）	绝缘电阻；直流 1 mA 电压及 0.75$U1$ mA 下的泄漏电流；持续运行电压下的交流泄漏电流和 35 kV 及以上避雷器的阻性电流；35 kV 及以上避雷器的工频参考电流下的工频参考电压；底座绝缘电阻；检查放电计数器动作情况；工频放电电压
8.6.2	金属氧化物避雷器试验（预试）	绝缘电阻；直流 1 mA 电压及 0.75$U1$ mA 下的泄漏电流；底座绝缘电阻；检查放电计数器动作情况；工频放电电压
8.7	电容器电气试验	
8.7.1	集合式电容器电气试验	
8.7.1.1	集合式电容器试验（交接）	相间和极对壳的绝缘电阻；电容值；相间和极对壳交流耐压试验；渗漏油检查
8.7.1.2	集合式电容器试验（预试）	电容值
8.7.2	片架式电容器电气试验	
8.7.2.1	片架式电容器试验（交接）	极对壳的绝缘电阻；电容值；并联电阻值；渗漏油检查；交流耐压
8.7.2.2	片架式电容器试验（预试）	极对壳的绝缘电阻；电容值
8.7.3	耦合电容器电气试验	
8.7.3.1	耦合电容器试验（交接）	极间的绝缘电阻；电容值；电容的介质损耗；低压端对地绝缘电阻
8.7.3.2	耦合电容器试验（预试）	极间的绝缘电阻；电容值；电容的介质损耗
8.8	接地引下线电气试验	
8.8.1	一次设备接地引下线导通试验	一次设备接地引下线导通试验
8.9	穿墙套管电气试验	
8.9.1	穿墙套管试验（交接／预试）	主绝缘绝缘电阻；电容型套管末屏对地绝缘电阻；主绝缘介质损耗及电容量；电容型套管末屏对地介质损耗及电容量；交流耐压；密封检查
8.10	母线电气试验	
8.10.1	母线试验（交接）	绝缘电阻；交流耐压试验
8.10.2	母线试验（预试）	绝缘电阻；核相试验；交流耐压试验
8.11	电缆试验	
8.11.1	电缆主绝缘试验	试验设备移运及布置、接线及布线，遥测绝缘电阻，交、直流耐压试验，设备健康状况分析，交流耐压试验每增加 1 km，定额基价增加 5%

序号	项目	工作内容
8.11.2	护层绝缘试验(包括内衬层试验)	交叉换位系统拆除及恢复,试验设备移运及布置、接线及布线,遥测绝缘电阻,直流耐压试验
8.11.3	护层保护器试验(有间隙、无间隙)	护层保护器试验(有间隙、无间隙)(单位:组／三相)

第4章 电网线路检修定额管理

本章以国家电网有限公司电网设备检修成本定额相关规定为蓝本,介绍电网线路检修定额管理相关内容,重点介绍各类电网线路检修定额管理的原则和计算方法、条目分类与计算方法,限于篇幅,不对定额具体数据展开介绍。

电网线路检修定额管理适用于由送电端变电站构架的引出线起至受电端变电站(构架或穿墙套管)的引入线止的 35~750 kV 交流电力架空线路、电力电缆线路,10 kV 配电线路(设备),输、配电线路的带电作业。

本定额编制以国家和有关部门颁发的现行技术规程、规范为依据,若下述文件版本有更新,以最新版本为准。

1. 中华人民共和国国家标准

(1)GB 50217—2018《电力工程电缆设计标准》。

(2)GB 50173—2014《电气装置安装工程 66 kV 及以下架空电力线路施工及验收规范》。

(3)GB 50233—2014《110 kV~750 kV 架空输电线路施工及验收规范》。

(4)GB 50168—2018《电气装置安装工程 电缆线路施工及验收标准》。

(5)GB 50169—2016《电气装置安装工程 接地装置施工及验收规范》。

(6)GB 50150—2016《电气装置安装工程 电气设备交接试验标准》。

(7)GB 50061—2010《66 kV 及以下架空电力线路设计规范》。

(8)GBJ 147—1990《电气装置安装工程 高压电器施工及验收规范》。

(9)GB 50254—2014《电气装置安装工程 低压电器施工及验收规范》。

2. 中华人民共和国电力行业标准

(1)DL/T 5092—1999《110 kV~500 kV 架空送电线路设计技术规范》。

(2)DL/T 5161.5—2018《电气装置安装工程质量检验及评定规程 第 5 部分:电缆线路施工质量检验》。

(3)DL/T 5161.10—2018《电气装置安装工程质量检验及评定规程 第 10 部分:66 kV 及以下架空电力线路施工质量检验》。

(4)JGJ 46—20050《施工现场临时用电安全技术规范》。

(5)《电力电缆运行规程》(电力工业部)。

(6)DL/T 603—2017《气体绝缘金属封闭开关设备运行维护规程》。

(7)DL/T 5220—2005《10 kV 及以下架空配电线路设计技术规程》。

(8)DL/T 741—2019《架空送电线路运行规程》。

（9）SDJ 206—1987《架空配电线路设计技术规程》。

3. 国家电网公司相关文件、规范

（1）《110（66）kV～500 kV 架空输电线路检修规范》。

（2）Q/GDW 174—2008《架空输电线路状态检修导则》。

（3）《高压开关设备检修管理规范》。

需要注意的是，本定额均按平地施工考虑，如在其他地形条件下施工，在无其他规定的情况下，其人工和机械可按对应地形增加系数予以调整。

4.1　架空线路检修定额管理

1. 编制说明

（1）送电线路周期性综合检修：指对架空线路本体及部件按规程规定的修试周期或检修计划，同时进行多项常规性检修、检查、测试维护、消缺等检修工作。

（2）送电线路周期性单项检修：指对架空线路本体及部件按规程规定的修试周期或检修计划所进行的单项常规性检修、检查、测试维护、消缺等检修工作。

（3）非周期性检修：指对架空线路本体及部件根据现场的运行状况、缺陷性质、状态评估或检修计划，对单个或成套部件进行检修、维护、更换缺陷零部件，恢复其正常运行状况，并满足原设计要求的检修工作。

（4）带电作业的检修：指对架空线路本体及部件在送电线路正常运行状态下进行的检查、测试、修理等检修工作。

本章定额共包含带电作业的三大部分（杆塔、附件、高塔）工作内容。

（1）杆塔部分包括的带电作业项目有耐张杆塔登杆塔检查，绝缘子测零；直线杆塔登杆塔检查，绝缘子测零。

（2）附件部分包括的带电作业项目有更换导线悬垂绝缘子串；更换导线耐张绝缘子串；直线更换零值、自爆绝缘子；耐张更换零值、自爆绝缘子。

（3）高塔部分包括的带电作业项目有导地线悬垂线夹打开检查及复紧螺栓；导地线耐张线夹打开检查及复紧螺栓；更换地线悬垂金具串；更换导线悬垂金具串；更换地线耐张金具。

2. 定额中工作量的计算规则

1）系数调整

（1）同塔双回线路，一回路停电、一回路带电情况下，定额人工费乘以系数 1.5。如同塔多回路架设，在一回路停电、其余回路带电情况下，人工费乘以系数 A，且 $A=1+N \times 0.5$（$N=$ 回路数 -1）。

（2）线路部分检修工作，杆塔高度超出 70 m，每增加 10 m，按 0.1 系数递增。

（3）登杆塔检查子目中,不需清扫绝缘子的乘以系数 0.6,双串乘以系数 1.5。

（4）铁塔螺栓紧固、补加螺栓、脚钉子目,耐张铁塔施工乘以系数 1.1,双回路铁塔施工乘以系数 1.2,施工高度每增加 10 m 乘以系数 1.3。

（5）导线横担更换,套用地线横担更换定额乘以系数 3.0。

（6）拉线、拉棒更换为双根时,套用相关定额乘以系数 1.6。

（7）悬垂绝缘子串、绝缘子串及金具更换为双串时,套用相关定额乘以系数 1.6。

（8）带电作业调整系数如下:

① 10 kV 带电作业收费标准参照各市地方物价局下达的相关文件标准执行。

②多回同杆线路带电作业,对应定额子目乘以系数 A,且 $A=1+N \times 0.6$（$N=$ 回路数 -1）。

③带电清除线路上异物参照停电检修相关子目人工费乘以系数 1.5。

④带电零星换角铁、补螺栓、紧螺栓等,采用停电对应定额人工费乘以系数 1.5。

2）具体计算规则

Ⅰ.周期性综合检修

（1）工作内容:登杆塔检查、测零、清扫绝缘子、杆塔螺栓紧固、补加螺栓、补加爬梯、补加脚钉、搭头线检查及螺栓复紧、土方开挖接地装置检查、拉棒检查、拉线调整、杆塔接地电阻测量、接地扁铁锈蚀检查、材料和工器具移运现场清理及恢复等。

（2）计算规则:按"2 km"线路计算,2 km 以下按 2 km 计取,2 km 以上按实际千米数计算。

例如某条 220 kV 线路长度为 10.5 km,根据项目检修周期,需要同时进行登杆检查、测零、清扫、螺栓紧固、拉棒检查、拉线复紧、接地电阻测量等工作,可套用线路周期性综合检修对应定额子目,费用计算为 X 元 $\times 10.5$ km/2 km$=Y$ 元。

（3）装置性材料:螺栓、脚钉等铁附件。

Ⅱ.周期性单项检修

Ⅰ）接地装置开挖检查。

（1）工作内容:接地扁铁、接地螺栓连接、接地引下线地下部分或接地网的开挖检查;工具器材运输,土方开挖回填,工具器材转移,场地清理恢复。

（2）计算规则:以"10 m"为计量单位,超出 10 m 按实际发生工作量计算。

（3）补充说明:例如某条 220 kV 线路一基铁塔接地装置开挖检查通常情况下以 10 m 为准,但由于现场实际需要开挖的工作量为 15 m,可套用对应定额子目,费用计算为 X 元 $\times 15$ m/10 m$=Y$ 元。

（4）装置性材料:无。

Ⅱ）登杆塔检查,测零、清扫绝缘子,清除杆塔异物,金具螺栓复紧。

（1）工作内容:登杆塔检查,测零、清扫绝缘子,杆塔上进行监护及清除杆塔异物,金具、搭头线螺栓检查及复紧,设备、仪器准备及工器具转移。

（2）计算规则:以"基"为计量单位。

（3）补充说明:直线、耐张同用该对应定额子目,绝缘子双串不做调整。

（4）装置性材料：无。

Ⅲ）铁塔螺栓紧固、补加螺栓和脚钉。

（1）工作内容：塔身螺栓紧固，补加螺栓，补加脚钉，零星补漆，工器具准备，现场监护。

（2）计算规则：以"10 m以内"为计量单位，超出10 m以实际发生工作量计算。

（3）补充说明：该项对应定额子目针对单回直线铁塔螺栓紧固，而耐张铁塔施工对应定额子目乘以系数1.1，双回路铁塔施工对应定额子目乘以系数1.2。

例1：220 kV线路直线塔一基塔身15 m以内螺栓紧固、补加螺栓及脚钉，套用对应定额子目。费用计算为 X 元 $\times 15\,m/10\,m = Y$ 元。

例2：220 kV线路耐张塔一基塔身15 m以内螺栓紧固、补加螺栓及脚钉，套用对应定额子目并乘以系数1.1。费用计算为 X 元 $\times 1.1 \times 15\,m/10\,m = Y$ 元。

例3：220 kV线路双回路耐张塔一基塔身15 m以内螺栓紧固、补加螺栓及脚钉，套用对应定额子目并乘以系数1.2。费用计算为 X 元 $\times 1.1 \times 1.2 \times 15\,m/10\,m = Y$ 元。

（4）装置性材料：螺栓、脚钉等铁附件。

Ⅳ）补加爬梯。

（1）工作内容：混凝土杆横担、地线顶架、叉梁、爬梯等螺栓的紧固及补加，补加爬梯，现场监护、工器具准备。

（2）补充说明：补加每节爬梯套用混凝土杆螺栓紧固对应定额子目，逐节递增。例如220 kV线路混凝土杆更换锈蚀爬梯3节，套用对应定额子目，费用计算为 X 元 $\times 3 = Y$ 元。

（3）装置性材料：螺栓、爬梯等铁附件。

Ⅴ）杆塔接地电阻测量。

（1）工作内容：杆塔接地电阻测量，接地体连于杆塔的拆搭及工器具转移。

（2）计算规则：以"基"为计量单位，混凝土杆、铁塔通用。

（3）装置性材料：无。

Ⅲ．非周期性检修

Ⅰ）基础开挖检查。

（1）工作内容：基础开挖检查，泥土回填，工器具运输，场地清理恢复，工器具转移。

（2）计算规则：以"基"为计量单位。

（3）补充说明：开挖深度不小于1.5 m。

（4）装置性材料：无。

Ⅱ）铁塔基础保护帽大修。

（1）工作内容：原保护帽拆除，铁塔基础保护帽浇筑模板安装、拆除、筛选、洗石、搅拌浇制、捣固、基面抹平及养护，工器具转移，场地清理恢复。

（2）计算规则：以"基"为计量单位。

（3）补充说明：此项对应定额子目适用于钢管塔，角钢塔每基包含4只塔脚保护帽，如浇筑1只保护帽需以对应定额子目除以4，依次类推。例如220 kV线路一基铁塔两只保护帽开裂，需重新浇筑修理，套用对应定额子目，费用计算为 X 元 $/4 \times 2 = Y$ 元。

（4）装置性材料：混凝土、石子、黄砂。

Ⅲ）更换接地扁铁。

（1）工作内容：拆除原接地扁铁，安装新接地扁铁，包含混凝土杆接地引上线的更换与连接，接地体与杆塔安装连接，泥土开挖，泥土回填及工器具转移。

（2）计算规则：以"10 m/基"为计量单位，以实际发生工作量计算。

（3）补充说明。

例1：220 kV 线路一基铁塔更换 6 m 接地扁铁（1.5 m/根，共计 4 根），套用对应定额子目，费用计算为 X 元 $\times 6/10 = Y$ 元。

例2：35 kV 线路一基混凝土杆更换 3 m 接地扁铁（1.5 m/根，共计 2 根），套用对应定额子目，费用计算为 X 元 $\times 3/10 = Y$ 元。

例3：110 kV 线路一钢管塔更换 2 m 接地扁铁（2 m/根，共计 1 根），套用对应定额子目，费用计算为 X 元 $\times 2/10 = Y$ 元。

（4）装置性材料：镀锌扁铁、镀锌圆钢、螺栓。

Ⅳ）改善接地电阻，增加辅助接地。

（1）工作内容：土方开挖、回填，将接地铁带（圆钢）展开、整直，沿沟槽展放，并与接地角铁连接，复测接地电阻，材料准备、运输、安装及工器具转移，场地清理恢复。

（2）计算规则：以"20 m"为计量单位，以实际发生工作量计算。

（3）补充说明。

例1：220 kV 线路一基铁塔改善接地电阻值，因山丘需要引出 2 根辅助接地线 60 m（30 m/根），套用对应定额子目，费用计算为 X 元 $\times 60/20 = Y$ 元。

例2：35 kV 线路一基混凝土杆改善接地电阻值，增加辅助接地线 10 m（10 m/根），套用对应定额子目，费用计算为 X 元 $\times 10/20 = Y$ 元。

（4）装置性材料：接地角铁、镀锌扁铁、镀锌圆钢、镀锌螺栓。

Ⅴ）改善接地电阻，增加降阻剂。

（1）工作内容：降阻剂拌合，缠包后敷设，接地电阻测定，材料准备、运输、安装及工器具转移。

（2）计算规则：以"基"为计量单位。

（3）补充说明：如采用降阻剂改善接地电阻值，与需要埋设圆钢或钢带缠包敷设同时进行，需另套辅助接地定额。

（4）装置性材料：降阻剂。

Ⅵ）更换锈蚀斜材。

（1）工作内容：拆除锈蚀斜材，打眼，吊装新斜材，塔身调整，零星补刷油漆，加装防盗螺栓，工器具搬运，材料准备及安装，工器具转移。

（2）计算规则：以"10 kg"为计量单位，按实际发生工作量计算；作业高度距地面 10 m 以内取基价，10 m 以上每增加 10 m，基价增加 0.1 系数。

（3）补充说明：例如 220 kV 线路更换锈蚀斜材 50 kg，作业点距地面 18 m，则可套用对应定额子目,费用计算为 X 元 $\times 50\ kg/10\ kg \times 1.1 = Y$ 元。

（4）装置性材料:镀锌斜材角钢、螺栓。

Ⅶ）更换锈蚀地线横担。

（1）工作内容:更换铁塔与混凝土杆地线顶架,按施工技术措施要求布置现场,拆除锈蚀地线横担,打眼,吊装新横担,塔身调整,零星补刷油漆,加装防盗螺栓,工器具搬运,材料准备及安装,工器具转移。

（2）计算规则:以"处"为计量单位,地线临时锚固部分,根据耐张段长度,按导地线架设基建定额考虑

（3）补充说明:如需更换导线横担,套用地线的对应定额子目乘以系数 3.0,锚线松紧线部分另套用相应基建定额,单位为"处"。（混凝土杆导线水平排列时"一处"指一块组合横担,上字形排列时"一处"指上导线横担或下导线横担,垂直排列时则分别指上、中、下线横担）

（4）装置性材料:横担。

Ⅷ）拉线加装防盗装置。

（1）工作内容:UT 型线夹加装防盗装置,工器具转移。

（2）计算规则:以"10 根"为计量单位,按实际发生工作量计算。

（3）补充说明:例如 35 kV 线路混凝土杆 4 基更换拉线 16 根,加装防盗装置,套用对应定额子目,费用计算为 X 元 $\times 16/10\ kg = Y$ 元。

（4）装置性材料:防盗圈。

Ⅸ）拉线更换。

（1）工作内容:拉线长度实测、丈量与截割,拉线上下端头制作、安装调整,工器具转移,临时拉线锚固。

（2）计算规则:以"根"为计量单位。

（3）补充说明:如拉线结构为双拼结构,不做系数调整。

（4）装置性材料:镀锌钢绞线,上、下楔形线夹。

Ⅹ）更换拉棒。

（1）工作内容:现场土方开挖、回填,场地清理,临时拉线锚固。

（2）计算规则:以"根"为计量单位。

（3）补充说明:拆装拉线防盗装置需另套相应的拉线防盗装置检修对应定额子目,例如 220 kV 线路一基混凝土杆有 4 根拉棒锈蚀需更换,套用对应定额子目,费用计算为 X_1 元 $\times 4$ 根 $+X_2 \times 4$ 根 $= Y$ 元。

（4）装置性材料:圆钢拉棒。

Ⅺ）线路标志牌检修。

（1）工作内容:线路标志牌及杆号牌、相色牌、禁止攀登牌,旧线路标志牌拆除,新标志牌安装或补缺,材料运输转移。

（2）计算规则:以"10 块"为计量单位,按实际发生工作量计算。

（3）补充说明：例如 220 kV 线路 10 基杆塔需安装 26 块标志牌，套用对应定额子目，该项目检修费用为 X 元 $\times 26$ 块 /10 块 $=Y$ 元。通道警示牌说明：1 块水泥通道警示牌埋设，套用 220 kV 线路标志牌检修对应定额子目乘以系数 0.5；1 块普通金属通道警示牌埋设，套用 220 kV 线路标志牌检修对应定额子目乘以系数 0.2。

例 1：有一条 35 kV 线路需在通道保护区内埋设 5 块水泥通道警示牌（禁止钓鱼），则可套用对应定额子目，该项目检修费用为 X 元 $\times 0.5 \times 5 = Y$ 元。

例 2：有一条 110 kV 线路需在通道保护区内埋设 5 块普通金属通道警示牌（禁止堆土），则可套用对应定额子目，该项目检修费用为 X 元 $\times 0.2 \times 5 = Y$ 元。

（4）装置性材料：线路标志牌、通道警示牌。

Ⅻ）导线、地线断股绑扎。

（1）工作内容：导线、地线断股绑扎，线材外观检查，人力或机械牵引收放线及工器具转移，现场监护。

（2）计算规则：以"处"为计量单位，一个修补点为一处。

（3）装置性材料：无。

ⅩⅢ）地线断股压接（含金具连接）。

（1）工作内容：地线断股压接，线材外观检查，压接管清洗，度量，涂电力脂，工器具转移。

（2）计算规则：以"处"为计量单位，一个修补点为一处。

（3）补充说明：该项目仅指地面压接或金具连接工作，松紧线部分套用更换导地线基建定额。

（4）装置性材料：接续金具。

ⅩⅣ）导线断股开断压接。

（1）工作内容：导线断股压接，线材外观检查，压接管清洗，度量，涂电力脂，工器具转移。

（2）计算规则：以"处"为计量单位。

（3）补充说明：该项目仅指地面压接或金具连接工作，松紧线部分套用更换导地线基建定额。

（4）装置性材料：接续金具。

ⅩⅤ）地线弧垂观测及调整。

（1）工作内容：地线弧垂调整，弧垂观测及信号联络，设备、工器具转移。

（2）计算规则：以"耐张段 / 相"为计量单位。

（3）补充说明：该项目仅为一个耐张段的地线弧垂观测工作，松紧线部分套用更换导地线基建定额。

（4）装置性材料：无。

ⅩⅥ）导线弧垂调整。

（1）工作内容：导线弧垂调整，弧垂观测及信号联络，设备、工器具转移。

（2）计算规则：以"耐张段/相"为计量单位。

（3）补充说明：该项目仅为一个耐张段的导线弧垂观测工作，松紧线部分套用更换导地线基建定额。

（4）装置性材料：无。

XⅦ)耐张搭头线压接(跳线引流板压接)。

（1）工作内容：耐张搭头线压接，拆搭、线材外观检查，压接管清洗，度量，涂电力脂，工器具准备和转移。

（2）计算规则：以"相"为计量单位，一相引流线 2 个压接管。

（3）补充说明：双分裂导线对应定额子目乘以系数 1.5，500 kV 四分裂导线对应定额子目乘以系数 2.5。例如 220 kV 线路一基耐张杆搭头线压接三相，双分裂导线排列，套用对应定额子目，费用计算为 X 元 $\times 3$ 相 $\times 1.5 = Y$ 元。

（4）装置性材料：接续金具。

XⅧ)更换悬垂绝缘子串、绝缘子串及金具。

（1）工作内容：更换悬垂绝缘子串、绝缘子串组合及金具，悬挂及杆塔上加强监护，工器具转移。

（2）计算规则：以"相"为计量单位。

（3）补充说明：双串对应定额子目乘以系数 1.6，500 kV 双串对应定额子目乘以系数 1.8。例如 220 kV 线路一基直线杆更换三相绝缘子(双串)，套用对应定额子目，该项目检修费用为 X 元 $\times 3$ 相 $\times 1.6 = Y$ 元。

（4）装置性材料：绝缘子、直线金具串。

XⅨ)更换耐张绝缘子串、绝缘子串及金具。

（1）工作内容：更换耐张绝缘子串、绝缘子串组合及金具，悬挂及杆塔上加强监护，工器具转移。

（2）计算规则：以"串"为计量单位。

（3）补充说明：双串对应定额子目乘以系数 1.6；500 kV 双串对应定额子目乘以系数 1.8，四串对应定额子目乘以系数 2.0。例如 500 kV 线路一基耐张塔更换六串绝缘子(双串)，套用对应定额子目，费用计算为 X 元 $\times 6$ 串 $\times 1.8 = Y$ 元。

（4）装置性材料：绝缘子、耐张金具串。

XX)均压环、屏蔽环更换。

（1）工作内容：均压环、屏蔽环更换，开箱检查，地面组合，高空安装和螺栓紧固。

（2）计算规则：以"串"为计量单位。

（3）补充说明：一串 2 个均压环，双串不做调整。

（4）装置性材料：均压环、屏蔽环。

XXI)预绞丝(阻尼线)更换。

（1）工作内容：预绞丝(阻尼线)更换，线材丈量与切割，机动绞磨提升，高空敷设，花边调整及线夹紧固，工器具转移。

（2）计算规则：以"相"为计量单位。

（3）补充说明：双串对应定额子目乘以系数1.6，500 kV双串对应定额子目乘以系数1.8。例如500 kV线路—基直线塔三相绝缘子预绞丝更换（每相为双串）检修项目，套用对应定额子目，费用计算X元 $\times 3$ 串 $\times 1.8 = Y$元。

（4）装置性材料：预绞丝。

ⅩⅢ）重锤片更换。

（1）工作内容：重锤片安装或更换（含跳线串托架安装）。

（2）计算规则：以"相"为计量单位。

（3）补充说明：双串对应定额子目乘以系数1.5，500 kV双串对应定额子目乘以系数1.8。例如220 kV线路耐张塔三相导线更换重锤片（每相双串）检修项目，套用对应定额子目，费用计算为X元 $\times 3$ 串 $\times 1.8 = Y$元。

（4）装置性材料：重锤片。

Ⅳ．带电作业检修

Ⅰ）耐张杆塔登杆塔检查，绝缘子测零。

（1）工作内容：工具装卸，耐张杆塔登杆检查塔材、绝缘子、金具、导地线，绝缘子测零。

（2）计算规则：以"基"为计量单位。

（3）补充说明：双串时定额不做调整。

（4）装置性材料：无。

Ⅱ）直线杆塔登杆塔检查，绝缘子测零。

（1）工作内容：工具装卸，直线杆塔登杆检查塔材、绝缘子、金具、导地线，绝缘子测零。

（2）计算规则：以"基"为计量单位。

（3）装置性材料：无。

（4）补充说明：全高70 m以上的高塔，每增加10 m，对应定额子目增加0.1系数，双串时定额不做调整。

Ⅲ）导地线耐张线夹检查及复紧螺栓。

（1）工作内容：工器具运输，高塔耐张线夹打开检查及复紧螺栓。

（2）计算规则：以"相"为计量单位。

（3）装置性材料：无。

（4）补充说明：全高70 m以上的高塔，每增加10 m，对应定额子目增加0.1系数。

Ⅳ）更换地线悬垂金具串。

（1）工作内容：工器具运输，直线高塔更换地线悬垂金具串。

（2）计算规则：以"串"为计量单位。

（3）装置性材料：悬垂金具。

（4）补充说明：全高70 m以上的高塔，每增加10 m，对应定额子目增加0.1系数。

Ⅴ）更换导线悬垂金具串。

（1）工作内容：工器具运输，直线高塔更换导线悬垂金具串。

（2）计算规则：以"串"为计量单位。

（3）装置性材料：悬垂金具。

（4）补充说明：全高 70 m 以上的高塔，每增加 10 m，对应定额子目增加 0.1 系数。

Ⅵ）更换地线耐张金具串。

（1）工作内容：工器具运输，工作人员下吊笼，塔上人员制动吊笼，耐张高塔更换地线耐张金具串。

（2）计算规则：以"串"为计量单位。

（3）装置性材料：悬垂金具。

（4）补充说明：全高 70 m 以上的高塔，每增加 10 m，对应定额子目增加 0.1 系数。

3. 其他说明

（1）本定额已考虑材料在 100 m 范围以内的场内移运。

（2）本定额土质条件已综合考虑各类地质。

（3）导线、地线松紧套用《电力建设工程预算定额》的第四册《送电线路工程》的有关子目。

（4）实际检修内容与综合检修对应定额子目内容一致时，应直接套用综合检修对应定额子目，不应分解套用单项检修对应定额子目。

（5）实际检修内容为综合检修与部分常规检修之外的单项检修项目时，可分别套用综合常规检修与单项检修对应定额子目，套用综合常规检修不需要取系数。

4.2　电力电缆检修定额管理

1. 编制说明

（1）本定额适用于 10~220 kV 电力电缆及附属设备的检修工作，是国家电网有限公司输配电设备检修规范的工作内容。

（2）本定额均以正常检修工作量为基准考虑，使用时根据实际的工作量选取相应的定额子目。

（3）本定额包含电力电缆拆除及更换，电力电缆中间接头拆除及更换，电力电缆终端头拆除及更换，电力电缆附属设备检修工程等内容。

2. 定额中工作量的计算规则

1）电缆本体

Ⅰ. 电缆更换

（1）工作内容：电缆沟内杂物清理，运行电缆整理，原电缆拆除回收入库；新电缆开盘，电缆检查，核对规格，移运，架盘，固定，沟槽清理，管道疏通，泵水，牵引头安装，放、收钢丝绳，敷设、锯断、封头、丈量、整理、固定电缆，挂牌，运盖板，工器具场内转移，空盘运回；充油电缆还包括拆装压力箱;充油电缆敷设及接头所耗用的电缆油均按设计用量考虑(由电缆厂家供货)。

(2)计算规则。

①电缆更换分沟槽直埋、电缆沟内、隧道内和排管内四种敷设方式,不论是充油电缆,还是交联电缆均按电缆截面以"100 m/单相"为计算单位。

②电缆更换的长度应以设计材料清单中的计算长度(即设计长度)为依据,设计长度中已包括敷设波形系数、接头制作和两端裕度等附加长度及施工损耗等因素。

③电缆更换的计量单位:110 kV 及以上按"100 m/单相"考虑;35 kV 及以下电力电缆更换,按"100 m/三相"考虑。单芯电力电缆更换时,按单相定额乘以系数 0.75,两相时乘以系数 1.5,三相时乘以系数 2;110 kV 及以上电力电缆更换单相计算的,二相时乘以系数1.25,三相时乘以系数 1.5。

(3)装置性材料:电缆及其附件。

(4)相关使用说明。

①电缆更换中已综合考虑排出积水,不得另增费用。

②近几年来,110 kV 以上的超高压电缆隧道敷设时,从电缆热机械特性考虑,技术上要求电缆采用蛇形敷设,定额中已考虑电缆拿弯和固定等因素。

③电缆更换定额中,已包含牵引头制作、安装,并且考虑了穿越地下管线交叉作业的施工难度因素。

④国外相近类型电力电缆安装可参照使用,700 mm² 电缆、845 mm² 电缆套用 800 mm² 定额。

⑤ 35~220 kV 电力电缆的敷设,全部以铜芯电缆敷设为主,所以本定额中铜芯与铝芯电缆的比例问题,不做考虑。如果采用铝芯,可以参考同截面电缆,按相应定额人工、机械乘以系数 0.9 计算。

⑥ 110~220 kV 交联电缆与充油电缆更换的选择,考虑到近年来 110~220 kV 交联电缆被大量使用,并已成为电缆施工安装工程、电缆生产发展的主流。鉴于充油电缆已逐步被交联电缆所替代,故本定额交联电缆部分编制,主要依据交联电缆,并综合考虑了充油电缆情况。充油电缆敷设时定额不做调整。

⑦ 110~220 kV 电缆敷设,其中机械部分增加了电缆输送机台班。

⑧交联电缆更换中施工机械的选择,35 kV 电缆(交联)每盘长度平均为 200~400 m,空盘质量为 1.2 t,截面 400 mm² 电缆单位质量为 24.5 kg/m,则每盘电缆质量 G_1=200 m×0.024 5 t/m+1.2 t=6.1 t, G_2=400 m×0.024 5 t/m+1.2 t=11 t,因此选用 12 t 载重汽车及 20 t 汽车起重机;110~220 kV 电缆,其电缆长度由设计院确定,一般电缆长度每盘为 300~500 m,由于电缆盘直径为 3.5 m 及以上,电缆单位质量比较重,每盘重达十几吨,甚至 20~30 t,属于超重、超高大件运输,需使用 40~50 t 汽车起重机及平板拖车,并需配以超高引路车引导。

Ⅱ.电缆整理(搬迁)

(1)工作内容:隧道、电缆夹层、电缆沟内运行电缆,并带电整理(搬迁)。

(2)计算规则:电缆整理以"100 m/三相"为计量单位,定额中已综合考虑各种条件、情况,不同截面电缆定额不做调整。

Ⅲ.电缆外屏蔽层、金属护层修补

(1)工作内容:

①电缆外屏蔽层修补,包括电缆沟内清理、运行电缆整理、电缆外屏蔽层修补;

②电缆金属护层修补,包括电缆沟内清理、运行电缆整理、电缆金属护层修补。

(2)计算规则:电缆外屏蔽层、金属护层修补以"处"为计量单位,"处"是指一个需要修补的点,定额中已综合考虑各种条件、情况,不同截面电缆定额不做调整。

2)电缆终端头更换

Ⅰ.工作内容

(1)电缆终端头更换:终端头脚手架拆搭,原终端头拆除,电缆重新就位固定,电缆校正、量尺寸,剥除外护层,电缆绝缘处理,终端头组装,密封处理,抽真空,绝缘剂灌注,接电线,防腐处理,现场清理。

(2)电缆终端套管更换:终端头脚手架拆搭,电缆终端绝缘剂回收,原终端头套管拆除,电缆绝缘清理,终端头套管组装,密封处理,抽真空,绝缘剂灌注,现场清理。

(3)电缆终端换绝缘油:电缆终端绝缘剂回收,密封处理,抽真空,绝缘剂灌注,现场清理。

Ⅱ.工程量计算规则

电缆终端头、终端套管更换以"只"为计量单位,同时更换二相时乘以系数 1.25,三相时乘以系数 1.5。

Ⅲ.装置性材料

电缆终端附件(套管)、电缆绝缘油、电缆终端夹具、电缆接线端子、终端支架,其中充油电缆装置性材料还包括电缆油、压力箱及支架、油管路等,所耗电缆油均按电缆厂家供货考虑。

Ⅳ.相关使用说明

(1)定额中充油电缆与交联电缆中间接头更换已综合考虑,均按电缆截面选取相应子目。110 kV 及以上电缆空气终端头,即为户外终端头。

(2)户内 GIS 终端头与普通终端头相比,由于其接头工艺和施工难度差异不大,GIS 终端头的更换定额仍可套用普通终端头更换定额子目。

3)电缆终端拆搭搭头及更换,终端漆相色

Ⅰ.工作内容

(1)电缆终端拆搭搭头:拆搭电缆搭头,搭头线临时固定。

(2)电缆终端搭头线检修及更换:导线丈量、开断,导线线夹压接、固定,螺栓连接等。

(3)电缆终端漆相色:电缆终端漆相色。

Ⅱ.工程量计算规则

电缆终端拆搭搭头、电缆终端搭头线检修及更换,分别以"三相""相""10组/三相"为计量单位。电缆终端搭头线检修及更换中,同时更换二相时乘以系数1.5,三相时乘以系数2。

Ⅲ.装置性材料或设备

电缆终端搭头线检修及更换中的导线及线夹。

4)电缆中间接头更换

Ⅰ.中间接头更换

(1)工作内容:工棚拆搭,接头沟内排水,电缆及接头整理,原电缆接头拆除,剥削外护层、金属护层,电缆加热校直,电缆绝缘处理,导体连接,绝缘带绕包,屏蔽连接,密封处理,接地处理,现场清理。

(2)工程量计算规则:电缆中间头以"只"为计量单位,同时更换二相时乘以系数1.25、三相时乘以系数1.5。

(3)装置性材料:电缆中间接头、电缆保护盒、接头支架。充油电缆接头更换装置性材料包括电缆保护盒、接头支架、电缆油、压力箱及支架、油管路等,所耗电缆油均按电缆厂家供货考虑。

(4)相关使用说明。

①定额中充油电缆与交联电缆中间接头更换已综合考虑,均按电缆截面选取相应子目。

② 110~220 kV 交联电缆中间接头更换,由于直线接头与绝缘接头制作工艺、耗材、人工差别不大,故定额子目设置不分直线接头与绝缘接头制作。

Ⅱ.中间接头密封处理

(1)工作内容:工棚拆搭,接头沟内排水,电缆及接头整理,电缆接头密封处理,现场清理。

(2)工程量计算规则:中间接头密封处理以"处"为计量单位,定额中已综合考虑各种条件、情况,不同截面电缆定额不做调整。

5)电缆附属工程

Ⅰ.电缆路径标示牌更换、增补(综合)

(1)工作内容:电缆路径辨识,标志块(牌)、警告牌重新埋设。

(2)计算规则:电缆路径标示牌更换、增补以"100只"为计量单位,定额中已综合考虑各种条件、情况,不同类型定额不做调整。

(3)装置性材料:标志块(牌)、警告牌。

Ⅱ.电缆路径 GPS 定位标志更新、增补

(1)工作内容:电缆路径 GPS 定位标志新增或更换,GPS 信息调整录入。

(2)计算规则:电缆路径 GPS 定位标志更新、增补以"10只"为计量单位,定额中已综合考虑各种条件、情况,不同截面电缆定额不做调整。

(3)装置性材料:GPS 定位标志球。

Ⅲ . 电缆包箍更换

（1）工作内容：10 kV 及以上电缆包箍更换。

（2）计算规则：以"10 副"为计量单位，定额中已综合考虑各种条件、情况，不同截面电缆定额不做调整。

（3）装置性材料：电缆包箍。

Ⅳ . 铁构件制作安装、电缆构支架防腐处理

（1）铁构件制作安装工作内容：平直，划线，下料，钻孔，焊接，油漆等。电缆构支架防腐处理工作内容：除锈，油漆，排风，测试井内有害气体，清理等。

（2）计算规则。

①电缆构支架安装及防腐处理，分别以"t"和"100 kg"为计量单位，铁构件制作安装等工作需在施工现场操作，电焊等作业所需的氧气、乙炔等危险品材料，根据有关规定，需与其他材料分车装运，因此发生的车辆台班费用按实计算。铁构件制作子目中不含镀锌费，发生时按实计算。

②电缆工作井、电缆过江隧道及电缆专用桥等铁构件的防腐处理，由于特殊的工作环境，与一般的铁构件防腐处理不同，如电缆工作井的防腐处理，除了通风、排风，还要检测防爆气体，配合交通安全等。电缆构件支架的防腐处理定额中，分别按人工除中锈、两遍防锈漆、两遍调和漆的工艺考虑。接地扁铁、敞开井盖板边框、敞开井支口角铁、电缆桥上的钢架结构及钢盖板等所有铁构件的防腐处理均套用此定额。如需排水，套用《电力建设工程预算定额（2006 年版）》第四册相关子目。

Ⅴ . 电缆终端、避雷器、绝缘子清扫和螺栓等紧固件检修、更换

（1）工作内容：电缆终端、避雷器、绝缘子清扫，搭头螺栓、紧固螺栓、电缆抱箍螺栓检查、更换。

（2）计算规则：电缆终端、避雷器、绝缘子清扫，螺栓等紧固件检修、更换，以"10 基"为计量单位，定额中已综合考虑各种条件、情况，不同截面电缆定额不做调整。当同杆（塔）电缆线路不同时停电检修时，按 2 基计算；当同杆（塔）电缆线路同时停电检修时，按 1.5 基计算。

例如电缆终端、避雷器、绝缘子清扫，螺栓等紧固件检修，共计 11 基，其中一基为同杆（塔）电缆线路同时停电检修，另有一基为同杆（塔）电缆线路不同时停电检修，工作量为（11−2）+1 × 1.5+1 × 2=12.5 基。

Ⅵ . 避雷器及避雷器底座拆除、安装和避雷器计数器更换

（1）避雷器及避雷器底座拆除、安装工作内容：搭头拆搭，避雷器及避雷器底座拆除、安装，现场清理。避雷器计数器更换工作内容：计数器引线拆搭。接地引下线检修、更换工作内容：接地引下线检修、更换。

（2）计算规则：避雷器及避雷器底座拆除、安装，避雷器计数器更换，接地引下线检修、更换，以"只（相）"为计量单位，定额中已综合考虑各种条件、情况，不同类型避雷器定额不做调整。当同一时间、地点更换多只（相）时，两只乘以系数 1.5，3 只乘以系数 2。

（3）装置性材料：避雷器、避雷器底座、避雷器计数器、接地引下线。

Ⅶ．充油设备渗漏油处理

（1）工作内容：充油（注油）设备渗漏油处理。

（2）计算规则：充油（注油）设备渗漏油处理以"处"为计量单位，"处"是指一个漏油点，定额中已综合考虑各种条件、情况，不同类型定额不做调整。

（3）装置性材料：无。

Ⅷ．接地装置更换

接地装置安装包括三相式直接接地箱、六相式直接接地箱、三相式经护层保护器接地箱、六相式经护层保护器接地箱、交叉互联箱、护层保护器安装子目。

接地装置：接地是为了降低电缆金属护套损耗，以提高输送容量。单芯电缆的接地线包括两部分：一是接地网或接地极与电缆的接地之间的引线；二是各相护套间的等位连接线。直接接地和经护层保护器接地：直接接地是三相护层通过同轴电缆引出，不经过换位，直接接地。

（1）工作内容：主要包括接地电缆、同轴电缆、接地箱（三相式直接地箱、六相式直接接地箱、三相式经护层保护器接地箱、六相式经护层保护器接地箱、交叉互联箱、护层保护器）及接地电缆、同轴电缆敷设安装，以及支架的安装。

（2）工程量计算规则：以"只"为单位。

（3）装置性材料：包括电缆信号箱、放电计数器、接地箱、交叉互联箱、接地箱和交叉互联箱混凝土底座及钢结钩支架、接地电缆、同轴电缆、充油电缆油压控制柜等。

Ⅸ．充油电缆油压系统

（1）信号屏调换工作内容：核对接线，安装套管，信号屏拆装，控制线、固定件安装，信号校验等。信号箱调换工作内容：核对接线，安装套管，信号箱拆装，连接信号线，信号校验等。压力箱更换工作内容：压力箱运输，拆除、安装压力箱。油管更换工作内容：油管拆除安装。压力表更换工作内容：压力表校验，压力表拆除、安装。压力箱补压工作内容：压力箱运输、油压补充。电接点表调换工作内容：检查油压，拆除油嘴螺栓，喷接油嘴，查看表头读数并记录等。

（2）计算规则：以上项目分别以"只""米""相"为计量单位，定额中已综合考虑各种条件、情况，不同电压等级、截面电缆定额不作调整。

（3）装置性材料：信号屏及固定支架、控制线、压力箱、电接点表、油管接续附件。

Ⅹ．电缆观察井圈更换

（1）工作内容：电缆观察井圈更换。

（2）计算规则：电缆观察井圈更换以"只"为计量单位，定额中已综合考虑各种条件、情况，不同规格的井圈定额不作调整。

（3）装置性材料：电缆观察井圈。

Ⅺ．电缆防火处理

（1）电缆防火封堵检修工作内容：支模，电缆孔洞封堵，排风，测试井内有害气体，清理现场等。电缆防火涂料检修工作内容：电缆刷防火涂料，排风，测试井内有害气体，清理现场等。防火带安装工作内容：包防火带，扎带固定，排风，测试井内有害气体，清理现场等。

（2）计算规则：电缆防火处理分别以"kg""100 m"为计量单位，定额中已综合考虑各种条件、情况，不同电压等级、截面定额不作调整。电缆检修包防火带不同于基建预算定额，它需要对原有电缆破损的防火带进行清除、电缆清擦及电缆搬动等。

（3）装置性材料：防火堵料、防火涂料、防火带。

Ⅻ. 电缆附属构筑物检修部分

（1）电缆敞开井、电缆工作井的升高或降低一般是配合市政道路大修或拓宽工程，所处的位置往往车行道较多，考虑到承载力和强度要求高及保护原有电缆等因素，对土建施工部分有其特殊要求，所以与一般的土建定额在施工方法、施工工艺上有很大的不同。

（2）电缆过江隧道入口处，一般采用垂直竖井方式，竖井深度达二三十米，直径有十几米。隧道通道长一般为 600 m 左右，内径为 2.5 m 左右，随着城市现代化建设的加快，目前有的隧道通道长度已达 15 km。电缆设备施工检修时，施工人员、机具设备上下进出，难度相当大。

（3）电缆敞开井、电缆工作井的施工，由于所处的位置车行道较多，根据交警部门管制要求，不仅受工期的严格限制，而且白天不能施工，只能夜间施工，保证白天的交通通行，除了做好交通安全、文明施工、井内电缆保护等措施外，为了满足工期、方便交通通行、保证路面足够强度等因素，有时必须使用快速、超早强混凝土等材料来减少施工养护期。

（4）电缆敞开井的升高或降低、电缆敞开井支口检修及制作、电缆敞开井盖板等土建施工，其检修定额内不包括水泥、黄沙、石子、槽钢及角铁主材。配筋包括在定额内，保护电缆安全运行用的木材保护板等材料费用已摊销在定额内。

（5）土建施工中定额内未考虑施工时所需的人行便桥及车行便桥，如发生费用按实计算；有些电缆敞开井的宽度比较宽，为保证车行道上车辆安全通行及敞开井内电缆的安全运行，需对便桥下的支撑采取加固措施，所发生的工作套用电力建设工程预算定额中的相关子目。

（6）定额未考虑路面修复费及各类赔偿费用，可根据实际情况执行地方的有关规定，费用按实计算。

（7）定额中的照明系统检修是按一个塞止井的常规尺寸长度 12 m 来考虑的，其定额子目的单位为组，以 1 台电源箱（控制箱）为一组，工作内容包括原电器线路拆除、电线管及电源线新敷、灯具设备安装、线路及设备调试等，定额中不包括电源箱、灯具、管材、电源线等主材。塞止井尺寸小于或大于 12 m，定额基价均不做调整，主材费按实际数量计算。

（8）定额中水泵系统检修，其定额子目的单位为组，以 1 台水泵为一组，工作内容包括部分电器线路、水泵及水泵支架拆装、水泵拆装检修、设备调试等，定额中不包括水泵、水泵支架等主材。不论水泵及支架大小，定额基价不做调整，主材费按实计算。

（9）定额中竖井内墙面粉刷，指电缆隧道、塞止井、电缆层等竖井墙面，包括竖井内有害气体检测、排风、脚手架搭拆等，粉刷为一底两面，定额中包括了所有材料。定额中未包括排水,若竖井内有积水需排除,按实计算。

（10）定额中未列项目内容,应按《电网检修工程预算定额》《全国统一安装工程预算定额》选取相应子目,均无相应项目或特殊设备的检修,可按现场实际工作量及所在地市场价格,与建设方协商定价。

6）补充取费费率

（1）在对身体健康有害的环境中施工降效,人工费增加 10%。

（2）脚手架搭拆费,按人工费的 20% 计取。

（3）高空作业增加费:操作高度距地面 5 m 以上、10 m 以下,人工定额增加 25%;操作高度距地面 10 m 以上、20 m 以下,人工定额增加 40%;操作高度距地面 20 m 以上,人工定额增加 80%。

3. 定额未包括的工作内容

（1）特殊水底电力电缆拆除及更换,电力电缆中间接头拆除、制作、安装等。

（2）冬季施工的电力电缆加温。

（3）安全文明施工措施费用及城市的夜间施工降效。

（4）绝热施设。

（5）110 kV 及以上 GIS 终端头、变压器终端头的 SF_6 的收气、充气。

（6）电力电缆沟、隧道、塞止井等的土建部分。

（7）土建部分施工中产生的路面修复费用及各种赔偿费用,钢便桥使用费,垃圾余土等外运费,养护期内的养护费等。

（8）施工用脚手架搭拆,电缆桥梁检修中的租船费及港监费等。

4. 其他说明

（1）本定额已考虑材料在 100 m 范围内的场内移运。

（2）35 kV 及以下电力电缆更换,按三芯考虑。单芯电缆更换时,单相乘以系数 0.75,两相乘以系数 1.5,三相乘以系数 2;35 kV 电力电缆中间接头、终端头安装, 110 kV 及以上电力电缆更换及中间接头、终端头更换定额子目中,按单相（只）计取,二相（只）时乘以系数 1.25,三相（只）时乘以系数 1.5。

（3）电力电缆更换定额中已包含排水费用。

（4）工地运输参照《电网检修工程预算定额》相关定额标准执行。

（5）定额中的标示牌是指电力电缆路径标示,电力电缆线路名称标示牌套用线路相关定额。

（6）定额中的构架防腐是指对电缆沟、电缆隧道、工作井、电缆桥架、电缆夹层等电力电缆专用构架、支架的防腐。

（7）电源箱、水泵系统、照明系统、墙面粉刷是指电力电缆隧道（竖井、工井）内的通风、照明、排水系统、墙面的维护检修,施工用电源、通风已在定额中考虑,排水另计。

（8）信号屏、信号箱是指充油电力电缆油压监控、继电保护专用信号屏（箱）。

（9）路面或路基开挖以及土石方挖填，套用《电网检修工程预算定额》。

（10）电缆敞开井、接头工作井升降以及电缆敞开井台口等土建项目的整修，仅适用于检修项目。

（11）敞开井清洗及敞开井支口整修每只按 10 m 长度计，敞开井升高（降低）按 0.2 m 计，敞开井盖板制作按 0.16 m 厚度计，如尺寸超出，则按基价折算调整。

（12）隧道垂直竖井及电缆通道内检修项目，套用本定额相关子目时乘以系数 1.2。

（13）电缆隧道、电缆层、塞止井内等防水要求高、专业性强的渗漏点补漏检修工作，套用人防工程预算定额。

（14）钢便桥使用费、养护期间的养护费用等参照地方市政工程预算定额。

（15）垃圾、余土外运费，路面修复及各种赔偿费用，租船费、港监费等参照地方标准执行。

4.3　配电设备检修定额管理

1. 编制说明

（1）适用于 10 kV 配电线路（设备）检修工作，主要为国家电网有限公司有关文件规定的工作内容。

（2）每个检修子项均以正常检修工作量为基准考虑定额，使用时根据实际的工作量选取相应的定额子项。

（3）内容包含配电变压器、柱上断路器、开关柜、环网柜、分支箱、美式箱式变压器、熔断器、避雷器、母线、低压断路器等设备的单项检修及杆上变压器的综合检修。

2. 定额中工作量计算规则

1）变压器

（1）工作内容：配电变压器更换、安装，吊芯，采油样，测量接地电阻，变压器接地引下线维护及更换，地名牌、警告牌检查、更换、增补，变压器高、低压绝缘护套维护及增补，杆上变压器专用线夹更换，变压器更换套管、连接片、密封圈，更换低压出线，红外线测温，清除杆上变压器杂物等。

（2）计算规则。

①配电变压器更换、安装，吊芯，采油样，测量接地电阻，接地引下线维护及更换，地名牌、警告牌检查、更换、增补，高、低压绝缘护套维护、增补，专用线夹更换，红外线测温，清除杆上变压器杂物等检修项目，以"台"为计量单位。

②变压器更换套管、压板、密封圈检修项目，以"相/台"为计量单位。如同一变压器更换套管、连接片、密封圈或更换同一变压器低压出线，每增加一相系数加 0.1，即系数 $=1+(n-1) \times 0.1$（$n \geqslant 2$）。

例 1：某变压器套管损坏三相更换，系数 $=1+(3-1) \times 0.1=1.2$。

例 2：某变压器三相低压出线烧坏更换，系数 =1+（3-1）×0.1=1.2。

③杆上变压器更换低压出线检修项目，以"相"为计量单位。如更换同一变压器低压出线，每增加一相系数加 0.1，即系数 =1+（n-1）×0.1（$n \geqslant 2$）。例如某变压器 3 相低压出线烧坏更换，系数 =1+（3-1）×0.1=1.2。

④定额中已综合考虑各种条件、情况，不同类型、容量的配电变压器定额不做调整。

⑤环网柜（分支箱、箱式变压器）设备红外线测温套用变压器测温检修定额。

（3）装置性材料：配电变压器导电杆，变压器地名牌、警告牌，变压器高、低压绝缘护套、变压器专用线夹、跳线线夹、铜铝过渡线夹，变压器绝缘套管、连接片、密封圈，各类型绝缘导线、镀锌扁钢、接地角铁、绝缘铜线（或裸铜线）。

2）开关柜

（1）工作内容：开关柜更换，开关柜修理维护，接地电阻测量，接地装置维护、更换，地名牌、编号牌更换、增补，开关柜机构故障处理及试验等。

（2）计算规则。

①以"台"为计量单位。

②同一开闭所、环网柜、临街变压器、箱式变压器中更换开关柜，每增加一台系数加 0.5，即系数 =1+（n-1）×0.5（$n \geqslant 2$）。例如某开闭所更换 3 台开关柜，即系数 =1+（3-1）×0.5=2。

（3）装置性材料：开关柜地名牌、编号牌、镀锌扁钢、接地角铁。

3）柱上开关

（1）工作内容：柱上断路器更换、修理，接地电阻测量，接地引下线维护及更换，地名牌、编号牌更换、增补，柱上断路器拉合及故障处理，杂物处理等。

（2）计算规则。

①以"台"为计量单位。

②柱上隔离开关检修套用柱上断路器检修定额。

（3）装置性材料：支架、横担、撑角、地名牌、编号牌、跳线线夹、铜铝过渡线夹、镀锌扁钢、接地角铁、绝缘铜线（或裸铜线）。

4）环网柜、分支箱、美式箱式变压器

（1）工作内容：环网柜体更换，分支箱更换，箱式变压器更换，环网柜（分支箱、箱变）接地电阻测量，环网柜（分支箱、箱式变压器）接地网维护及更换，环网柜（分支箱、箱式变压器）地名牌、编号牌更换、增补，环网柜（分支箱、箱变）杂物处理等。

（2）计算规则。

①以"座"为计量单位。

②低压分支箱检修定额套用该检修定额乘以系数 0.8。

③分支箱、箱式变压器接地电阻测量，接地网维护及更换，地名牌、编号牌更换、增补，杂物处理等检修项目套用环网柜对应的检修定额。

（3）装置性材料：环网柜地名牌、编号牌、镀锌扁钢、接地角铁。

5)熔断器

（ 1)工作内容:熔断器更换,熔断器熔丝(熔管)更换,跨接器安装、拆除,熔断器引线更换等。

（ 2)计算规则。

①熔断器更换以"组"为计量单位,单相损坏更换乘以系数 0.7,两相损坏更换乘以系数 0.8。例如某一组熔断器损坏两相,则系数 =0.8。

②熔断器熔丝(熔管)更换以"相"为计量单位。

③跨接器安装、拆除以"相"为计量单位。

④熔断器引线更换以"相"为计量单位。更换同一熔断器引线或熔断器熔丝(熔管),每增加一相加系数 0.1,即系数 $=1+(n-1)\times 0.1$（ $n\geq 2$)。例如某变压器三相低引线压烧坏更换,即系数 $=1+(3-1)\times 0.1=1.2$。

⑤杆上配电变压器台架导线更换套用熔断器引线检修定额。

⑥柱上断路器引线更换套用熔断器引线检修定额。

（ 3)装置性材料:熔断器、熔断器熔丝(熔管)、跨接器、各类型绝缘导线、跳线线夹、铜铝过渡线夹。

6)避雷器

（ 1)工作内容:避雷器更换、避雷器引下线更换等。

（ 2)计算规则。

①避雷器更换以"组"为计量单位,单相损坏更换乘以系数 0.7,两相损坏更换乘以系数 0.8。例如某一组避雷器损坏两相,则系数为 0.8。

②避雷器引下线更换以"组"为计量单位。

③过电压保护器检修套用避雷器相应检修定额。

（ 3)装置性材料:避雷器、镀锌扁钢、接地角铁、绝缘铜线(或裸铜线)。

7)母线

（ 1)工作内容:母线更换绝缘子、更换穿墙套管、更换母线等。

（ 2)计算规则。

①母线更换绝缘子以"10 只(串)"为计量单位,更换绝缘子按实际数量计算。

②更换穿墙套管以"个"为计量单位。

③更换母线以"跨 / 三相"为计量单位,"跨"指相邻两支持绝缘子之间的距离。

（ 3)装置性材料:悬式绝缘子、户内式支持绝缘子、户外式支持绝缘子、穿墙套管、各规格铜排(裸铝排)或各规格绝缘导线。

8)低压开关

（ 1)工作内容:更换杆上变压器低压断路器、专用线夹,低压断路器操动机构维护,低压断路器拉合及故障处理,低压断路器试验等。

（ 2)计算规则。

①以"台"为计量单位。

②临街变压器、箱式变压器中低压开关柜检修套用低压断路器检修定额。临街变压器、箱式变压器中低压开关柜内低压断路器（两路出线）检修套用低压断路器检修定额。如一路出线乘以系数 0.9,两路及以上出线乘以系数 1.2。

③配电变压器综合测试仪更换套用更换杆上变压器低压断路器检修定额。

（3）装置性材料:低压断路器、低压断路器专用线夹。

9）房屋清扫与封堵

（1）工作内容:房屋卫生清扫及杂物处理,防火封堵的检修及更新等。

（2）计算规则。

①房屋清扫以"100 m²"为计量单位,以房屋建筑面积为准,不足 60 m² 按 60 m² 计算,60 m² 以上按实际数量计算。例如某两座开闭所房屋建筑面积分别为 34 m²、68 m²,对其进行清扫。其计算方法分别为:建筑面积为 34 m² 开闭所,其系数 =60/100=0.6;建筑面积为68 m² 开闭所,其系数 =68÷100=0.68。

②防火封堵检修以"kg"为计量单位。

（3）装置性材料:防火材料及堵料（如防火泥）。

10）其他相关使用计算规则

（1）配电线路、电缆（10 kV 及以下）检修定额套用架空线路、电缆定额中相关部分。

（2）实际检修内容与综合检修定额子目内容一致时,应直接套用综合检修定额子目,不应分解套用单项检修定额子目。

（3）实际检修内容为多项（超过 2 个检修项目）,同地点作业时,每增加一个检修项目,套用相应单项检修定额子目时乘以系数 0.7;在不同地点作业时,每增加一个检修项目,套用相应单项检修定额子目时乘以系数 0.9。

（4）实际检修内容为综合检修与部分常规检修之外的单项检修项目时,可分别套用综合常规检修与单项检修定额子目,套用综合常规检修不需要取系数,套用单项检修定额子目时按（3）执行。

3. 定额中未包括的工作内容

（1）本定额未考虑配电线路、电缆（10 kV 及以下）检修项目,此类工作可以套用架空线路、电缆定额中相关部分相关章节内容。

（2）本定额未考虑为了保证安全生产和施工所采取的措施费用,此费用可在施工预算中单列。

（3）本定额按正常的气候、地理、环境条件下检修工作考虑,未考虑冬雨季、高原、山地等特殊条件下检修的因素。

4. 其他说明

（1）考虑配电网中变压器容量差别较小,变压器检修定额未按容量分别列入。

（2）开闭所、环网柜、临街变压器、箱式变压器中开关柜检修以设备中开关柜台数为计算单位。开闭所、环网柜、临街变压器、箱式变压器中开关柜每增加一台加系数 0.5,临街变压器、箱式变压器中低压开关柜检修套用开关定额乘以系数 0.9（1 路出线），两路及以上出线乘以系数 1.2。临街变压器、箱式变压器中低压开关柜内低压开关检修套用低压断路器检修定额。

（3）柱上隔离开关检修按柱上断路器检修定额套用。

（4）环网柜（分支箱、箱式变压器）整体更换，接地电阻测量，接地线维护、更换，地名牌、编号牌更换、增补，杂物处理套用环网柜、分支箱、箱式变压器定额。

（5）低压分支箱检修定额为高压分支箱检修定额乘以系数 0.8。

（6）杆上配电变压器台架中铁板更换套用架空线定额中铁板更换，导线更换套用熔断器引线更换定额。更换杆上变压器低压出线每增加一相加系数 0.1。

（7）配电线路、电缆（10 kV 及以下）检修定额套用架空线路、电缆定额中相关部分。

（8）本定额已考虑材料在 100 m 范围内的场内移运。

（9）环网柜更换后试验可参照开关柜试验，箱式变压器试验可参照变压器试验。

（10）架空线路检修后核相可参照电缆核相定额。

（11）环网柜、分支箱、美式箱式变压器实际检修工作中，如更换电缆附件、电缆插件等可参照电缆检修定额。

（12）避雷器、熔断器、空气断路器、隔离开关等配电设备加装绝缘防护类工作定额，可参照变压器高低压绝缘护套维护、增补。

（13）配电变压器检修定额未按变压器容量分别计列，变压器容量参照 315 kV·A，容量上下浮动按 5% 增减来考虑。

（14）架空线路零星的杆塔、导线更换工作，可参照基建定额编制。

第 5 章　电网检修工程预算管理

电网检修运维工作成本管控的重要环节之一就是进行有效的预算管理,第 4 章介绍的电网检修工程的定额管理是进行电网工程预算管理的必要条件。本章以国家能源局编制的《电网检修工程预算编制与计算规定(2020 年版)》和国家电网有限公司相关规定为依据,介绍电网检修工程的预算管理。

国家能源局为统一和规范电网检修工程预算编制和计算规则,合理确定工程造价,提高投资效益,维护工程参与各方的合法权益,在已有版本的基础上,根据电网检修工作的发展情况,修编发布了《电网检修工程预算编制与计算规定(2020 年版)》。国家电网有限公司、南方电网公司等依据此规定,结合各自电网检修工作的实际情况和内部财务管理制度,也制定了相应的内部管理办法。

电网检修工程预算规定中应包含电网检修工程预算的费用构成与计算规定、费用性质划分、项目划分、编制办法以及相应计价格式等部分。电网检修工程投资估算、初步设计概算、施工图预算编制和费用计算的依据,应与检修工程定额配套使用。

5.1　术语解释

5.1.1　一般术语

(1)电网检修工程预算,指以具体检修工程为对象,依据工程设计文件,根据本规定及配套定额等进行各项费用的预测和计算。按照检修工程的不同阶段,分为初步设计概算、施工图预算。

(2)电网检修工程预算文件,指经具有电力行业专业能力证书的人员根据本规定进行编制,反映预算各项费用的计算过程和结果的技术经济文件,包括初步设计概算书和施工图预算书。

(3)投资估算。

(4)初步设计概算。

(5)施工图预算。

(6)工程结算。

5.1.2　建筑修缮和设备检修术语

(1)建筑修缮费,指针对电网检修工程中各类建筑物、构筑物的相关设施进行修缮,使之能够达到设计要求和功能所支出的费用。

(2)设备检修费,指针对检修工程中构成生产工艺的设备、管道、杆塔、线缆及其辅助装置的拆除、更换和调试,使之达到设计要求或恢复原有功能所支出的费用。

（3）建筑修缮（设备检修）费,包括建筑修缮费和设备检修费,由直接费、间接费、利润、编制基准期价差和增值税构成。

①直接费,指电网检修工程施工过程中直接消耗在建筑修缮和设备检修上的各项费用的总和,包括直接工程费和措施费。

a. 直接工程费,指按照电网检修工程正常的施工条件,在施工过程中消耗的构成工程实体的各项费用,包括人工费、材料费和施工机械使用费。

人工费是指直接支付给从事电网检修工程施工作业的生产人员的各项费用,包括基本工资、工资性补贴、辅助工资、职工福利费、生产人员劳动保护费。

材料费是指电网检修工程施工过程中消耗的主要材料、辅助材料、构件、半成品、零星材料,以及施工过程中一次性消耗材料及周转和摊销性材料的费用。按照材料消耗量及价格是否包含在概算或预算定额基价中,将材料分为计价材料和未计价材料两大类,其价格均为预算价格。其中,计价材料是指包含在概算或预算定额基价中的材料,一般为消耗性材料和辅助材料;未计价材料是指未包含在概算或预算定额基价中的材料,一般为主要材料,在安装工程中也被称为装置性材料。材料预算价格是指工程所需材料（包括计价材料和未计价材料）在施工现场指定仓库或堆放地点的出库价格,包括材料原价、材料运输费、保险保价费、运输损耗费、采购及保管费等。

施工机械使用费是指施工机械作业所发生的机械使用费以及机械现场安拆费和场外运费,包括折旧费、检修费、维护费、安装及拆卸费、场外运费、操作人员人工费、燃料动力费、其他费等。

b. 措施费,指为完成电网检修工程施工而进行施工准备、克服自然条件的不利影响和辅助施工所发生的不构成工程实体的各项费用,包括冬、雨季施工增加费,夜间施工增加费,施工工具用具使用费,特殊地区施工增加费,临时设施费,安全文明施工费,多次进出场增加费。

冬、雨季施工增加费是指按照正常的电网检修工作计划安排及合理工期要求,必须在冬、雨季期间连续施工而需要增加的费用,包括在冬季施工期间,为确保施工质量而采取的养护、采暖、保温等措施所发生的费用;在雨季施工期间,采取防雨、防潮等措施所发生的费用;因冬、雨季施工增加施工工序、降低工效而发生的补偿费用。

夜间施工增加费是指按照规程、规范要求,工程必须在夜间连续施工所发生的夜班补助、夜间施工降效、夜间施工照明设备摊销及照明用电等费用。

施工工具用具使用费是指检修工程施工企业生产、检验、试验等部门使用的不属于固定资产的施工工具用具、仪器仪表的购置、摊销和维护费用。

特殊地区施工增加费是指在高海拔、酷热、严寒等地区施工,因特殊自然条件引起的施工降效及其他需额外增加的施工费用。

临时设施费是指施工企业为满足工程施工现场正常的管理和施工作业需要,在现场必须搭设的生产、物料（含工具）存放等临时建筑物、构筑物和临时性设施所发生的费用,包括临时设施的搭设、维修、拆除、清理、折旧及摊销费,或临时设施的租赁费等。

安全文明施工费是指根据国家及电力行业安全文明施工与健康环境保护规定,在施工现场所采取的安全生产、文明施工、环境保护措施所支出的费用。

多次进出场增加费是指电网检修工程实施过程中,为保证电网安全或受运行方式限制等原因影响,无法连续施工,需检修人员、施工机具多次进出场所增加的费用。

②间接费,指在电网检修工程施工过程中,为全工程项目服务而不直接消耗在特定产品对象上的费用,包括规费和企业管理费。

a. 规费,指按照国家行政主管部门或省级政府和省级有关权力部门规定必须缴纳并计入电网检修工程造价的费用,包括社会保险费和住房公积金。

社会保险费包括养老保险费、失业保险费、医疗保险费、生育保险费和工伤保险费。其中,养老保险费是指企业按照规定标准为职工缴纳的基本养老保险费;失业保险费是指企业按照规定标准为职工缴纳的失业保险费;医疗保险费是指企业按照规定标准为职工缴纳的基本医疗保险费;生育保险费是指企业按照规定标准为职工缴纳的生育保险费;工伤保险费是指企业按照规定标准为职工缴纳的工伤保险费。

住房公积金是指企业按照规定标准为职工缴纳的住房公积金。

b. 企业管理费,指电网检修工程的施工企业组织施工生产和经营管理所发生的费用,其费用主要包括以下内容。

管理人员工资,指管理人员的基本工资、工资性补贴、辅助工资、职工福利费、劳动保护费等。

办公经费,指企业正常管理办公所使用的文具、纸张、账表、印刷、邮电、通信、书报、会议、水电、燃气、集体取暖、卫生保洁等费用。

差旅交通费,指职工因公出差、调动工作的差旅费和住勤补助费,市内交通费和误餐补助费,职工探亲路费,劳动力招募差旅费,职工离退休、退职一次性路费,工伤人员就医路费,管理用交通工具租赁或使用费等。

固定资产使用费,指施工企业管理和试验部门使用的属于固定资产的房屋、设备、仪器等的折旧、大修、维修或租赁费。

管理用工具用具使用费,指施工企业管理机构和人员使用的不属于固定资产的办公家具、工器具、交通工具和检验、试验、测绘、消防用具等的购置、维修、维护和摊销费。

员工招募及施工队伍调遣费,指施工企业的员工招募,以及调遣施工队伍和施工机械往返工程现场所发生的费用。

劳动补贴费,指由企业支付离退休职工的异地安家补助费、职工退职金,6个月以上的病假人员工资,按规定支付给离休干部的各项经费。

工会经费,指根据国家行政主管部门有关规定,企业按照职工工资总额计提的工会经费。

职工教育经费,指为保证职工学习先进技术和提高文化水平,根据国家行政主管部门有关规定,施工企业按照职工工资总额计提的费用。

危险作业意外伤害保险费,指施工企业为从事危险作业的电网检修工程施工人员缴纳的意外伤害保险费。

财产保险费,指施工企业为管理用财产、车辆所缴纳的保险费用。

税金,指企业按规定缴纳的城市维护建设税、教育费附加、地方教育附加、房产税、土地使用税、印花税、管理车辆的车船税等。

其他费用包括投标费、广告费、公证费、法律顾问费、财务费、咨询费、业务招待费,技术转让与技术开发费,工程资料移交及工程资料信息化配合费,工程定点复测、施工期间沉降观测、施工期间工程二级测量网维护费,材料检验试验费,工程排污费,工程点交及施工场地清理,竣工清理及未移交的工程看护费等。

5.1.3　应急抢修工程术语

应急抢修工程是指因自然灾害(地震、洪水、台风、冰冻等)、危急缺陷等突发事件需要紧急抢修的工程。

应急抢修工程措施费是指因突发自然灾害、危急缺陷等事件进行紧急抢修和恢复供电而必须采取的各项措施费用,主要包括应急调遣及协调费、施工作业增加费、安全文明施工及防护措施费等。

(1)应急调遣及协调费是指为满足紧急抢修并恢复供电,短时调集人员、材料、机械至工程指定区域所发生的应急调遣、管理协调以及调遣过程中采取的各类措施费用,主要包括施工人员应急调遣期间的交通费、差旅费和调遣期间的人工费,必要的办公通信设备、工器具使用、材料用品和施工机械的搬运费,以及应急通道修建、应急物资购置、避免自然灾害影响而采取的各项措施费等。

(2)施工作业增加费是指应急抢修实施期间由于交叉作业、挤密作业、赶工作业、夜间作业,以及由于恶劣气候和环境等因素引起人工和机械施工降效而增加的费用。

(3)安全文明施工及防护措施费是指为满足工程现场的管理和施工作业的需要,所发生的临时设施的搭建、维修、拆除、清理等费用摊销,相应的安全生产、文明施工、环境保护措施费,以及采取防雨、防潮、防洪、防冻等措施必须增加的费用。

(4)应急抢修工程企业管理费是指施工企业组织开展应急抢修作业和经营管理产生的费用,同直接费相关内容。

5.1.4　配件购置相关术语

配件购置费是指购置电网检修工程施工中所需的配件,并将配件由供货地点运至集中储备仓库或施工现场指定位置所支出的费用,包括配件费、配件运杂费、配件配送费(如有)。

(1)配件费(配件原价)是指供货商在供货地点交付配件时的价格,包括包装费。

(2)配件运杂费是指配件自供货地点运至集中储备仓(备品)或施工现场指定位置所发生的费用,包括运输费、装卸费、保险保价费、运输损耗费以及采购及保管费等。

（3）配件配送费是指电网检修工程所需配件在招标时,因无法确定工程施工现场具体位置,供货商只能将配件运至集中储备仓库的情况下,从集中储备仓库再运至施工现场指定位置所发生的相关费用。

5.1.5　其他费用及基本预备费术语

（1）其他费用,指为完成电网检修工程所必需的,且不属于建筑修缮费、设备检修费、配件购置费和基本预备费等的其他相关费用,包括检修场地租用及清理费、项目管理费、项目技术服务费、拆除物返库运输费等。

①检修场地租用及清理费是指为满足施工场地需要,并使之达到施工所需的正常条件和环境条件所发生的费用,包括土地租用费、余物清理费、输电线路走廊清理费、线路跨越补偿及措施费、水土保持补偿费等。

a. 土地租用费是指为保证电网检修工程实施期间的正常施工,需临时占用或租用场地所发生的费用,包括占用补偿、场地租金、场地清理、复垦和植被恢复等费用。

b. 余物清理费是指对租用土地范围内遗留的建筑物、构筑物等有碍工程实施的设施进行拆除、清理、外弃所发生的各种费用。

c. 输电线路走廊清理费是指对线路走廊内非征用和租用土地上的建筑物、构筑物、林木、经济作物等进行清理、赔偿所发生的费用。

d. 线路跨越补偿及措施费是指对线路走廊内的公路、铁路、重要输电线路、通航河流、通信线路等进行跨越施工所发生的补偿费用。

e. 水土保持补偿费是指按照《中华人民共和国水土保持法》《财政部　国家发展改革委　水利部　中国人民银行关于印发〈水土保持补偿费征收使用管理办法〉的通知》等有关规定应缴纳的专项用于水土流失预防和治理的补偿费用。

②项目管理费是指电网检修工程自筹备至竣工验收合格并投产的合理期间内,对工程项目进行组织、计划、协调、管理、监督等工作所发生的费用,包括管理经费、招标费、工程监理费、工程保险费。

a. 管理经费是指项目管理单位在检修工程管理工作中发生的日常管理性费用,包括相关手续的申办费,临时办公场所建设、维护、拆除、清理或租赁费用;必要办公家具、办公用品和交通工具的使用或租赁费用;采暖及防暑降温费、差旅交通费、技术图书资料费、工具用具使用费;合同订立与公证费、咨询费;工程档案管理及电子化移交费、工程信息化管理费、工程审计费、财务费;材料及配件的催交、验货费;劳动安全验收评价费、工程验收费以及各类税费等日常管理性费用。

b. 招标费是指按招投标相关法律法规及有关规定,项目管理单位自行组织或委托具有资格的机构开展编制审查技术规范书、最高投标限价（标底）、工程量清单等工作,以及委托招标代理机构进行招标代理服务所支付的费用。

c. 工程监理费是指依据国家有关规定和规程规范要求,项目管理单位委托工程监理机构对工程全过程实施监理所发生的费用。

　　d. 工程保险费是指项目管理单位对电网检修工程实施过程中可能造成工程财产、安全等直接或间接损失的要素进行保险所支付的费用。

　　③项目技术服务费是指委托具有相关资质的机构或企业,为电网检修工程提供技术服务和技术支持所发生的费用,包括前期工作费、工程勘察设计费、设计文件评审费、结算文件审核费、项目后评价费、工程检测费、设备专修费、技术经济标准编制费等。

　　a. 前期工作费是指项目法人在工程前期阶段进行分析论证、可行性研究及评审、方案设计、环境保护及水土保持方案编制及审查、地质灾害、防洪、社会稳定风险等各项评估、评价所发生的费用,以及前期工作所发生的管理费用。

　　b. 工程勘察设计费是指委托有资质的勘察设计机构,按照工程设计规范要求,对现场进行踏勘、测量,编制工程勘察文件,编制相关设计文件,设计文件电子集成移交,以及派遣设计代表进行现场技术服务等所支付的费用。按其内容分为勘察费和设计费。其中,勘察费是指委托有资质的勘察机构,按照勘察设计规范要求,对工程进行踏勘、测量、测绘等勘察作业,以及编制工程勘察文件和岩土工程设计文件等所支付的费用;设计费是指委托有资质的设计机构,按照工程设计规范要求,编制工程初步设计文件、施工图设计文件、施工图预算、竣工图文件等,以及设计文件电子集成移交和设计代表进行现场技术服务所支付的费用。

　　c. 设计文件评审费是指根据国家及行业有关规定,对工程的设计文件进行评审所发生的费用,包括初步设计文件评审费和施工图文件评审。其中,初步设计文件评审费是指项目管理单位自行开展或委托有资质的咨询机构,依据法律、法规和相关标准,对初步设计方案的安全性、可靠性、先进性和经济性进行全面评审并出具评审报告所发生的费用;施工图文件评审费是指项目管理单位自行开展或委托有资质的咨询机构,依据有关法律、法规和标准,对施工图涉及公共利益、公众安全和工程建设强制性标准的内容进行审查,以及对初步设计原则落实情况、项目法人相关规定执行情况、施工图图纸检查、施工图预算文件等进行评审并提出评审报告所发生的费用。

　　d. 结算文件审核费是指项目管理单位自行开展或委托具有相关资质的咨询机构,审核电网检修工程结算文件所发生的费用。

　　e. 项目后评价费是指根据国家有关规定,为了对检修工程决策提供科学、可靠的依据,指导、改进工程管理,提高投资效益,在检修工程竣工投运一定时间后,对工程的决策、设计、实施、生产运营全过程的技术性能、投资效益等方面进行系统性评价所支出的费用。

　　f. 工程检测费是指根据国家及电力行业的有关规定,对工程特殊工法、环境保护、水土保持等进行监测、检验、检测所发生的费用,包括工程质量检测费、特种设备安全监测费、环境监测及环境保护验收费、水土保持监测及验收费、桩基检测费等。其中,工程质量检测费是指根据电力行业有关规定,由国家行政主管部门授权的电力工程质量监督检测机构对工程质量进行抽查、验证和质量检测、检验所发生的费用;特种设备安全监测费是指根据国务院《特种设备安全监察条例》规定,委托特种设备检验检测机构对电网检修工程中所检修的特种设备进行检验、检测所发生的费用;环境监测及环境保护验收费是指依据环境保护有关法律、法规、规章、标准和规范性文件,以及环境影响报告书等,对环境进行监测、分析和评价,以及对工程配套的环境保护设施、措施进行验收,编制监测及验收报告,公开相关信息所发生的费用;水土保持监测及验收费是指依据水土保持有关法律、法规、规章、标准和规范性文件,以及水土保持方案等,对工程扰动土地情况、取土(石、料)弃土(石渣)情况、水土流失情况进行监测,以及对工程水土保持设施、措施进行验收,编制监测及验收报告,公开相关信息所发生的费用;桩基检测费是指根据工程需要,对特殊地质条件下使用的桩基进行检测所发生的费用。

g.设备专修费是指将生产工艺系统中的重要设备送回生产厂家或在设备检修基地进行修理所发生的运输费、装卸费及修理费,以及生产厂家派遣专业人员到工程现场对设备进行修理所支付的修理服务费用。

h.技术经济标准编制费是指根据国家行政主管部门授权编制工程计价依据、标准和规范等所需的费用。

④拆除物返库运输费是指拆除工程中所拆除的设备、材料自拆除现场堆放地运至项目管理单位指定的统一仓库所发生的运输及装卸费用。

(2)基本预备费,指因工程变更(含工程量增减、材料代用等)而增加的费用、一般自然灾害可能造成的损失和预防自然灾害所采取的临时措施费用,以及其他不确定因素可能造成的损失而预留的资金。

5.2　电网检修工程预算构成及计算方法

5.2.1　电网检修工程预算构成

电网检修工程预算总费用由电网检修工程建筑修缮费、设备检修费、配件购置费、其他费用和基本预备费构成。

电网应急抢修工程预算总费用由应急抢修工程建筑修缮费、设备检修费、配件购置费和其他费用构成。

1.电网检修工程建筑修缮(设备检修)费

(1)直接费,包括直接工程费和措施费。

①直接工程费,包括人工费、材料费、施工机械使用费。

②措施费,包括冬、雨季施工增加费,夜间施工增加费,施工工具用具使用费,特殊地区施工增加费,临时设施费,安全文明施工费,多次进出场增加费。

(2)间接费,包括规费和企业管理费。

①规费,包括社会保险费、住房公积金。

②企业管理费。

(3)利润。

(4)编制基准期价差。

(5)增值税。

2. 应急抢修工程建筑修缮(设备检修)费

（1）直接费,包括直接工程费和应急抢修工程措施费。

①直接工程费,包括人工费、材料费、施工机械使用费。

②应急抢修工程措施费,包括应急调遣及协调费、施工作业增加费、安全文明施工及防护措施费。

（2）间接费,包括规费和应急抢修工程企业管理费。

①规费,包括社会保险费、住房公积金。

②应急抢修工程企业管理费。

（3）利润。

（4）编制基准期价差。

（5）增值税。

3. 配件购置费

配件购置费,包括配件费、配件运杂费、配件配送费(如有)。

4. 其他费用

（1）检修场地租用及清理费,包括土地租用费、余物清理费、输电线路走廊清理费、线路跨越补偿费、水土保持补偿费。

（2）项目管理费,包括管理经费、招标费、工程监理费、工程保险费。

（3）项目技术服务费,包括前期工作费、工程勘察设计费、设计文件评审费、结算文件审核费、项目后评价费、工程检测费、设备专修费、技术经济标准编制费。

（4）拆除物返库运输费。

5.2.2　电网检修工程和应急抢修工程建筑修缮(设备检修)费计算规定

1. 电网检修工程建筑修缮(设备检修)费计算规定

电网检修工程建筑修缮(设备检修)费由直接费、间接费、利润、编制基准期价差和增值税组成。其计算公式为

电网检修工程建筑修缮(设备检修)费 = 直接费 + 间接费 + 利润 + 编制基准期价差 + 增值税

1)直接费

直接费由直接工程费和措施费构成,其计算公式为

直接费 = 直接工程费 + 措施费

（1）直接工程费由人工费、材料费和施工机械使用费构成,其计算公式为

直接工程费 = 人工费 + 材料费 + 施工机械使用费

人工费的计算执行配套定额中的规定,各地区、各年度人工费调整按照电力行业定额(造价)管理机构的规定执行。

材料费包括未计价材料费和计价材料费两部分,其计算公式为

材料费 = 未计价材料费 + 计价材料费

其中,未计价材料费 = 未计价材料预算价格 × 未计价材料用量,未计价材料预算价格应按照合同价或近期招标价或定额(造价)管理机构发布的信息价格取定;计价材料费的计算方法执行配套定额中的规定,各地区、各年度计价材料费的调整按照电力行业定额(造价)管理机构的规定执行;材料配送费(如有)= 材料合同价 × 材料配送费率,从集中储备仓库运到现场,运输距离在 50 km 以内,费率为 1.4%;运距超过 50 km,每增加 20 km 费率增加 0.1%,不足 20 km 部分按 20 km 计算。

供货商直接供货到集中储备仓库的,只计取卸车费及保管费,卸车费及保管费按材料合同价的 1% 计算,其中卸车费按材料合同价的 0.25% 计算,保管费按材料合同价的 0.75% 计算。供货商直接供货到施工现场的,只计取卸车费,卸车费按材料合同价的 0.25% 计算,施工现场的材料保管费已在临时设施费和企业管理费等费用中综合考虑。

施工机械使用费的计算方法执行配套定额中的规定,各地区、各年度施工机械使用费的调整按照电力行业定额(造价)管理机构的规定执行。

(2)措施费包括冬、雨季施工增加费、夜间施工增加费、施工工具用具使用费、特殊地区施工增加费、临时设施费、安全文明施工费、多次进出场增加费,其计算公式为

措施费 = 冬、雨季施工增加费 + 夜间施工增加费 + 施工工具用具使用费 + 特殊地区施工增加费 + 临时设施费 + 安全文明施工费 + 多次进出场增加费

其中

冬、雨季施工增加费 =(人工费 + 机械费)× 费率(见表 5-1、表 5-2)

表 5-1　冬、雨季施工增加费费率

地区分类	I	II	III	IV	V
建筑修缮(%)	2.09	3.09	4.13	5.71	7.5
变电检修(%)	2.16	3.19	4.27	5.89	7.75
架空线路检修(%)	1.81	2.67	3.57	4.94	6.49
电缆线路检修(%)	3.89	5.73	7.66	10.57	13.89
通信线路检修(%)	3.18	4.69	6.26	8.65	11.37

注:20 kV 及以下配电网工程分别按照相应专业费率乘以系数 0.70 计取。

表 5-2　地区分类表

地区分类	省(自治区、直辖市)名称
I	上海、江苏、安徽、浙江、福建、江西、湖南、湖北、广东、广西
II	北京、天津、山东、河南、河北(张家口、承德以南地区)、重庆、四川(甘孜、阿坝、凉山州除外)、云南(迪庆、怒江地区除外)、贵州、海南
III	辽宁(盖州及以南地区)、陕西(不含榆林地区)、山西、河北(张家口、承德及以北地区)

地区分类	省(自治区、直辖市)名称
IV	辽宁(盖州以北)、陕西(榆林地区)、内蒙古(锡林郭勒盟锡林浩特市以南各盟、市、旗,不含阿拉善盟)、新疆(伊犁、哈密地区以南)、吉林、甘肃、宁夏、四川(甘孜、阿坝、凉山州)、云南(迪庆、怒江地区)
V	黑龙江、青海、西藏、新疆(伊犁、哈密及以北地区)、内蒙古(除四类地区以外的其他地区)

夜间施工增加费 =(人工费 + 机械费)× 费率(见表 5-3)

表 5-3　夜间施工增加费费率

工程类别	建筑修缮	变电检修	大跨越检修	电缆线路检修
费率(%)	2.39	2.71	1.14	3.13

注:架空线路检修、通信线路检修(除大跨越检修外)不计本项费用;20 kV 及以下配电网工程分别按照相应专业费率乘以系数 0.8 计取。

施工工具用具使用费 =(人工费 + 机械费)× 费率(见表 5-4)

表 5-4　施工工具用具使用费费率

工程类别	建筑修缮	变电检修	架空线路检修	电缆线路检修	通信线路检修
费率(%)	2.78	3.76	1.88	5.53	4.36

注:20 kV 及以下配电网工程分别按照相应专业费率乘以系数 0.6 计取。

特殊地区施工增加费 =(人工费 + 机械费)× 费率(见表 5-5)

表 5-5　特殊地区施工增加费费率

特殊地区	高海拔地区		严寒地区		酷热地区	
工程类别	建筑修缮	设备检修	建筑修缮	设备检修	建筑修缮	设备检修
费率(%)	11.86	12.35	6.33	6.62	5.90	6.17

临时设施费 =(人工费 + 机械费)× 费率(见表 5-6)

表 5-6　临时设施费费率

工程类别	建筑修缮	变电检修	架空线路检修	电缆线路检修	通信线路检修
费率(%)	10.28	9.38	7.37	19.19	8.75

注:20 kV 及以下配电网工程分别按照相应专业费率乘以系数 0.70 计取。

安全文明施工费 =(人工费 + 机械费)× 费率(见表 5-7)

表 5-7 安全文明施工费费率

工程类别	建筑修缮	变电检修	架空线路检修	电缆线路检修	通信线路检修
费率(%)	12.98	9.97	6.11	16.68	12.77

注:20 kV 及以下配电网工程分别按照相应专业费率乘以系数 0.70 计取。

多次进出场增加费 =(人工费 + 机械费）× 费率 ×（N-1）（见表 5-8）

其中,N 为实际进出场次数,一进一出计取 1 次,第 1 次进出场费用包含在企业管理费中。

表 5-8 多次进出场增加费费率

工程类别	建筑修缮	变电检修	架空线路检修	电缆线路检修
费率(%)	0.85	1.15	0.85	0.81

注:通信线路检修工程、20 kV 及以下配电网工程不计此项费用。

2)间接费

间接费由规费和企业管理费组成,其计算公式为

间接费 = 规费 + 企业管理费

（1）规费主要包括社会保险费、住房公积金,其计算公式为

规费 = 社会保险费 + 住房公积金

其中,社会保险费计算公式为

建筑修缮工程社会保险费 = 人工费 ×1.12× 缴费费率

变电检修工程社会保险费 = 人工费 ×1.15× 缴费费率

架空线路检修工程社会保险费 = 人工费 ×1.05× 缴费费率

注:缴费费率是指工程所在省（自治区、直辖市）社会保障机构颁布的以工资总额为基数计取的养老保险、失业保险、医疗保险、生育保险、工伤保险费率之和;跨省（自治区、直辖市）线路工程应分段计算或按照线路长度计算加权平均费率;架空线路、通信线路检修工程执行架空线路检修工程费率,电缆线路检修工程执行变电检修工程费率;20 kV 及以下配电网工程参照以上对应专业类别费率执行。

住房公积金计算公式为

建筑修缮工程住房公积金 = 人工费 ×1.12× 缴费费率

变电检修工程住房公积金 = 人工费 ×1.15× 缴费费率

架空线路检修工程住房公积金 = 人工费 ×1.05× 缴费费率

注:住房公积金缴费费率按照工程所在地政府部门公布的费率执行;架空线路、通信线路检修工程执行架空线路检修工程费率,电缆线路检修工程执行变电检修工程费率;20 kV 及以下配电网工程参照以上对应专业类别费率执行。

（2）企业管理费计算公式为

企业管理费 =(人工费 + 机械费）× 费率（见表 5-9）

表 5-9　企业管理费费率

工程类别	建筑修缮	变电检修	架空线路检修	电缆线路检修	通信线路检修
费率(%)	30.51	27.31	24.69	47.49	40.91

注：20 kV 及以下配电网工程分别按照相应专业费率乘以系数 0.50 计取。

3）利润

利润计算公式为

利润 =（人工费 + 机械费）× 费率（见表 5-10）

表 5-10　利润费率

工程类别	建筑修缮	变电检修	架空线路检修	电缆线路检修	通信线路检修
费率(%)	9.99	8.99	3.52	11.01	6.47

注：① 20 kV 及以下配电网工程分别按照相应专业费率乘以系数 0.70 计取。
② 如果工程由项目管理单位内部工区承担检修任务，不计此项费用。

4）编制基准期价差

编制基准期价差根据电力行业定额（造价）管理机构规定计算。

5）增值税

增值税计算公式为

增值税 =（直接费 + 间接费 + 利润 + 编制基准期价差）× 税率

其中，税率按照国家税务相关政策规定执行，本规定按照一般计税方法编制。

2. 应急抢修工程建筑修缮（设备检修）费计算规定

应急抢修工程建筑修缮（设备检修）费由直接费、间接费、利润、编制基准期价差和增值税组成，其计算公式为

应急抢修工程建筑修缮（设备检修）费 = 直接费 + 间接费 + 利润 + 编制基准期价差 + 增值税

1）直接费

直接费包括直接工程费和应急抢修工程措施费，其计算公式为

直接费 = 直接工程费 + 应急抢修工程措施费

（1）直接工程费包括人工费、材料费和施工机械使用费，其计算公式为

直接工程费 = 人工费 + 材料费 + 施工机械使用费

人工费的计算方法执行配套定额中的规定。人工单价可根据电力定额（造价）管理机构发布的人工单价或工程实际发生且经业主单位认可的实际人工单价，与定额编制期给定的人工单价计算价差，汇入编制基准期价差。

材料费包括未计价材料费和计价材料费两部分，其计算公式为

材料费 = 未计价材料费 + 计价材料费

其中，未计价材料费 = 未计价材料预算价格 × 未计价材料用量，未计价材料预算价格

按照合同价格取定;计价材料费的计算方法执行配套定额中的规定,各地区、各年度计价材料的调整按照电力行业定额(造价)管理机构的规定执行。

施工机械使用费的计算方法执行配套定额中的规定,施工机械台班单价根据电力行业定额(造价)管理机构发布的施工机械台班单价或工程实际发生且经业主单位认可的实际施工机械台班单价,与定额编制期给定的施工机械台班单价计算价差,汇入编制基准期价差。

(2)应急抢修工程措施费计算公式为

应急抢修工程措施费 = 应急调遣及协调费 + 施工作业增加费 + 安全文明施工及防护措施费

应急抢修过程中发生的各项措施费用,根据应急抢修方案和实际投入费用计列。

2)间接费

间接费由规费和企业管理费组成,其计算公式为

间接费 = 规费 + 企业管理费

(1)规费主要包括社会保险费和住房公积金,其计算公式为

规费 = 社会保险费 + 住房公积金

注:社会保险费和住房公积金参考电网检修工程计列;取费基数(人工费)为按照应急抢修工程量套用本规定相应配套定额计取的定额人工费。

(2)企业管理费计算公式为

企业管理费 =(人工费 + 机械费)× 费率(见表5-11)

表 5-11　应急抢修工程企业管理费费率

工程类别	建筑修缮	变电检修	架空线路检修	电缆线路检修	通信线路检修
费率(%)	29.73	26.14	23.87	27.38	23.25

注:① 20 kV 及以下配电网工程分别按照相应专业费率乘以系数 0.60 计取。
　　②取费基数(人工费 + 机械费)为按照应急抢修工程套用本规定相应配套定额计取的定额人工费与定额机械费之和。

3)利润

利润计算公式为

利润 =(人工费 + 机械费)× 利润率(见表5–12)

表 5-12　应急抢修工程利润率

工程类别	建筑修缮	变电检修	架空线路检修	电缆安装检修	通信线路检修
费率(%)	12.16	7.89	4.12	9.73	6.74

注:① 20 kV 及以下配电网工程分别按照相应专业费率乘以系数 0.70 计取。
　　②取费基数(人工费 + 机械费)为按照应急抢修工程套用本规定相应配套定额计取的定额人工费与定额机械费之和。

4)编制基准期价差

编制基准期价差根据电力行业定额(造价)管理机构规定计算。

注：人工、材料、施工机械价差根据电力企业定额（造价）管理机构发布的单价或工程实际发生且经项目管理单位认可的单价与定额编制期给定的单价进行计算。

5）增值税

增值税计算公式为

增值税 =（直接费 + 间接费 + 利润 + 编制基准期价差）× 税率

税率按照国家税务相关政策规定执行，本规定按照一般计税方法编制。

3. 配件购置费计算规定

配件购置费包括配件费和配件运杂费，当配件需要从集中储备仓库运至施工现场时，配件购置费中还需计列配件配送费。其计算公式为

配件购置费 = 配件费 + 配件运杂费 + 配件配送费（如有）

（1）配件费根据配件的品种、数量，按照供货合同价格或市场价格计列。

（2）配件运杂费计算公式为

配件运杂费 = 配件费 × 配件运杂费率

配件运输方式均按照公路运输考虑，运输距离应按照配件供货商供货地点到集中储备仓库或施工现场指定地点的实际运输距离计算。运输距离 30 km 以内，费率为 1.5%；运距超过 30 km 时，每增加 20 km，费率增加 0.2%，不足 20 km 按 20 km 计取。

注：铁路、水路等其他运输方式可参照《电网工程建设预算编制与计算规定》进行计列。

（3）配件配送费（如有），配件供货商直接将设备运输到业主指定的集中储备仓库，需要将配件自集中储备仓库运输至施工现场指定地点的，可计取配件配送费。其计算公式为

配件配送费 = 配件合同价 × 配件配送费率

配件配送费运输距离应按照集中储备仓库到施工现场指定地点的实际运输距离计算。运输距离 50 km 以内，费率为 1.4%；运距超过 50 km 时，每增加 20 km，费率增加 0.1%，不足 20 km 按 20 km 计取。

注：应急抢修工程配件运杂费，根据工程实际参照本规定配件运杂费取费预备费。

4. 其他费用和基本预备费计算规定

1）其他费用

其他费用计算公式为

其他费用 = 检修场地租用及清理费 + 项目管理费 + 项目技术服务费 + 拆除物返库运输费

（1）检修场地租用及清理费计算公式为

检修场地租用及清理费 = 土地租用费 + 余物清理费 + 输电线路走廊清理费 + 线路跨越补偿费 + 水土保持补偿费

其中，土地租用费依据有关法律、法规、国家行政主管部门和工程所在地人民政府规定，按照项目法人与土地所有者签订的合同计算。

余物清理费 = 取费基数 × 费率（见表 5-13）

表 5-13　余物清理费费率

工程名称		取费基数	费率(%)
建筑修缮工程	一般砖木结构	建筑工程新建直接费	10
	混合结构	建筑工程新建直接费	20
	混凝土及钢筋混凝土结构　(1)有条件爆破的	建筑工程新建直接费	20
	(2)无条件爆破的	建筑工程新建直接费	40
	临时简易建筑	建筑工程新建直接费	8
	金属结构　(1)拆除后能利用	建筑工程新建直接费	55
	(2)拆除后不能利用	建筑工程新建直接费	38
设备检修工程	(1)金属结构及工业管道	安装工程新建直接费	45
	(2)机电设备	安装工程新建直接费	32
	(3)输电线路及通信线路	安装工程新建直接费	62
	①拆除后能利用		
	②拆除后不能利用	安装工程新建直接费	35

注:包括运距在 5 km 及以内的运输和装卸费;新建直接费中不包括未计价材料费;新建直接费的措施费中仅包括安全文明施工费和临时设施费。

　　输电线路走廊清理费按照实际情况,结合工程所在地人民政府规定的赔偿标准计算。线路跨越补偿费依据施工方案以及项目法人与被跨越物产权部门签订的合同或达成的补偿协议计算。水土保持补偿费按照有关法律、法规、国家及地方行政主管部门有关规定计算。

　　(2)项目管理费由管理经费、招标费、工程监理费、工程保险费组成,其计算公式为

　　　　项目管理费 = 管理经费 + 招标费 + 工程监理费 + 工程保险费

　　其中,管理经费计算公式为

　　　　变电工程管理经费 =(建筑修缮费 + 设备检修费)× 1.24%

　　　　线路工程管理经费 =(建筑修缮费 + 设备检修费)× 0.75%

　　注:架空线路、电缆线路、通信线路工程执行线路工程费率,其他工程执行变电工程费率;应急抢修工程中项目管理单位发生的管理费用,可根据工程实际情况据实计列。

　　招标费计算公式为

　　　　变电工程招标费 =(建筑修缮费 + 设备检修费)× 1.20%

　　　　线路工程招标费 =(建筑修缮费 + 设备检修费)× 0.67%

　　注:架空线路、电缆线路、通信线路工程执行线路工程费率,其他工程执行变电工程费率;20 kV 及以下配电网工程按照变电工程费率乘以系数 0.7 计取。

　　工程监理费计算公式为

　　　　变电工程监理费 =(建筑修缮费 + 设备检修费)× 4.40%

　　　　线路工程监理费 =(建筑修缮费 + 设备检修费)× 2.40%

　　注:高海拔地区、严寒地区、酷热地区及高山峻岭地区的电网检修工程按照本标准乘以系数 1.20 计算;工程监理费已包含环境保护监理和水土保持监理所发生的费用;架空线路、电缆线路、通信线路工程执行线路工程费率,其他工程执行变电工程费率;20 kV 及以下配电网工程按照变电工程费率乘以系数 0.7 计取。

工程保险费根据项目管理单位要求及工程实际情况,按照保险范围和费率计算。

（3）项目技术服务费包括前期工作费、工程勘察设计费、设计文件评审费、结算文件审核费、项目后评价费、工程检测费、设备专修费、技术经济标准编制费,其计算公式为

项目技术服务费 = 前期工作费 + 工程勘察设计费 + 设计文件评审费 + 结算文件审核费 + 项目后评价费 + 工程检测费 + 设备专修费 + 技术经济标准编制费

其中,前期工作费计算公式为

变电工程前期工作费 =（建筑修缮费 + 设备检修费）× 2.53%

线路工程前期工作费 =（建筑修缮费 + 设备检修费）× 1.12%

注:架空线路、电缆线路、通信线路工程执行线路工程费率,其他工程执行变电工程费率。

工程勘察设计费计算公式为

工程勘察设计费 = 勘察费 + 设计费

注:不需要勘察设计的电网检修工程,不计算工程勘察设计费。其中,勘察费根据国家、行业主管部门和机构发布的相关文件执行;设计费 =（建筑修缮费 + 设备检修费 + 配件购置费）× 设计费费率(见表 5-14)。

表 5-14　设计费费率

建筑修缮费、设备检修费及配件购置费之和	设计费费率（%）
100 万元及以下	7.55
100 万 ~500 万元（含 500 万元）	7.55~5.75
500 万 ~1 000 万元（含 1 000 万元）	5.75~4.45
1 000 万 ~3 000 万元（含 3 000 万元）	4.45~3.55
3 000 万 ~5 000 万元（含 5 000 万元）	3.55-3.25
5 000 万元以上	3.0

设计文件评审费计算公式为

设计文件评审费 = 初步设计文件评审费 + 施工图设计文件评审费

其中

初步设计文件评审费 = 设计费 × 3.50%

施工图文件评审费 = 设计费 × 3.80%

注:仅要求开展施工图预算文件评审时,其费用为施工图文件评审费的 30%。

结算文件审核费计算公式为

变电工程结算文件审核费 =（建筑修缮费 + 设备检修费）× 0.44%

线路工程结算文件审核费 =（建筑修缮费 + 设备检修费）× 0.29%

注:单项工程结算文件审核费低于 600 元,按 600 元最低额计列;通信站按照变电工程执行,电缆线路工程、通信线路工程按照线路工程执行。

项目后评价费计算公式为

项目后评价费 =(建筑修缮费 + 设备检修费)× 0.50%

注：本费用应根据项目法人提出的要求确定是否计列。

工程检测费计算公式为

工程检测费 = 工程质量检测费 + 特种设备安全监测费 + 环境监测及环境保护验收费 + 水土保持监测及验收费 + 桩基检测费

按照工程规模，参照国家、省（市）有关规定和工程实际情况计列。

设备专修费按照实际修理方案、运输方案和修理费标准计算，或按照设备专修合同计算。

技术经济标准编制费计算公式为

技术经济标准编制费 =(建筑修缮费 + 设备检修费)× 0.10%

注：原则上重大检修工程计取技术经济标准编制费。

（4）拆除物返库运输费按照实际运输方式和运输方案结合当地规定或市场情况计算。

2）基本预备费

基本预备费计算公式为

基本预备费 =(建筑修缮费 + 设备检修费 + 配件购置费 + 其他费用)× 1.50%

注：应急抢修工程不计列此项费用。

5.3   预算编制方法

电网检修工程预算是工程管理的重要内容，也是各阶段工程设计和实施文件的重要组成部分。在可行性研究、初步设计、施工图设计和工程实施阶段，应根据设计图纸和工程资料分别编制投资估算、初步设计概算和施工图预算。

电网检修工程预算必须履行编制、校核、审核和批准程序，各级编制、校核、审核人员必须在工程预算书上签字并加盖专用章方可成为正式文件。如果电网检修工程的预算由两个或两个以上单位编制，主体编制单位应负责协调、确定编制原则、编制范围、价格水平，并负责编制汇总工程预算书。

1. 编制规则

（1）在检修预算正式编制之前，必须制定统一的编制原则和编制依据。其主要内容包括编制范围、工程量计算依据、定额和预规选定、配件价格、编制基准期确定、编制基准期价差调整依据、编制基准期价格水平等。

（2）建筑修缮费、设备检修费的人工、材料及机械价格以电力行业定额（造价）管理机构颁布的定额及相关规定为基础，并结合相应的电力行业定额（造价）管理机构颁布的价格调整规定计算人工、材料及机械价差。

（3）预算文件编制应按照电力行业定额和取费标准编制，缺少的定额子目可选用相应行业定额和取费标准，不足部分选用工程所在地的地方定额和取费标准，以及配套的价格水平调整办法和编制规则。但应在编制原则中详细说明其原因，并提供相应依据。

（4）定额的调整及补充。

①检修定额中所规定的技术条件与工程实际情况有较大差异时,可根据工程技术条件及定额规定调整套用相应定额。

②定额中缺项的,应优先参考使用类似建设工艺的定额,在无相似或可参考子目时,可根据类似工程的施工图预算或结算资料编制补充定额。对无资料可供参考的工程,可按具体技术条件编制补充定额。

③补充定额的编制应符合现行定额编制管理相关规定,并报电力行业定额（造价）管理机构批准后方可使用。

（5）编制电网检修工程预算时,工程量的计算应按照电网检修工程定额所规定的工程量计算规则,按照设计图纸标识数据计算。如果材料汇总统计表中的数据与图示数据不一致,应以图示为准。

（6）工程预算应按建筑修缮费、设备检修费、配件购置费和其他费用分别进行编制。

2. 内容组成

电网检修工程预算的内容由编制说明、电网检修工程总预算表、单位工程汇总预算表、单位工程预算表、其他费用预算表以及相应的附表构成。

（1）电网检修工程预算编制说明要有针对性,文字描述要具体、确切、简练、规范,其一般包括以下内容。

①电网检修工程概况。其中,各类站应包括各类变电站总体概况（如变电站的地点、位置、电压等级、出线规模、变压器台数和单台规模等）,电网检修工程概况（如检修性质、检修等级、检修范围、检修计划时间和资金来源等）;各类线路工程应包括各类线路总体概况（如线路的起止点、电压等级、线路的回路数、电缆型号、导地线型号和地形、风速等）,电网检修工程概况（如检修性质、检修等级、检修范围、检修计划时间和资金来源等）。

②电网检修工程计划,包括实施检修的工程清单,各类检修工程当前情况、当前指标、检修预期指标等,检修实施方案、停电措施或带电保护措施,可利用或拆除的设备、材料情况,需要更新或更换的配件的来源等。

③编制原则和依据,包括编制范围、工程量计算依据、定额和预规选定、配件价格获取方式、编制基准期确定、编制基准期价差调整依据、编制基准期价格水平等。

④工程造价水平分析,投资估算及初步设计概算均应与上一年度相关工程造价水平进行对比分析。

⑤工程造价控制情况分析,施工图预算投资宜控制在批准的初步设计概算投资范围内;初步设计概算投资宜控制在可行性研究估算投资范围内;如因特殊原因使后一阶段投资超出前一阶段投资,应做具体分析,并重点叙述超出原因及合理性,且报原审批单位批准。

⑥其他需要说明的重大问题。

（2）电网检修工程预算文件成品应包括的内容及编排顺序见表 5-15。

表 5-15　电网检修工程预算文件成品内容及编排顺序

序号	内容组成名称
1	封面
2	编审人员签字页
3	目录
4	编制说明
5	电网检修工程总预算表(表一)
6	单位工程汇总预算表(表二)
7	单位工程预算表(表三)
8	其他费用预算表(表四)
9	附表

(3)电网检修工程预算的附表应完整,根据需要可增加依据性文件及预算表等。

3. 投资估算

(1)投资估算是在可行性研究阶段确定的工程总投资的限额,没有特殊原因不得突破。投资估算的编制应该与技术方案比选、工程经济评价同期进行,工程经济评价的编制应执行电网工程经济评价相关规定。

(2)投资估算应满足以下要求:

①投资估算必须符合电网检修工程可行性研究报告内容深度规定,费用计算准确、合理,能够满足方案比选及控制初步设计概算的要求。

②应根据工程的主要工艺系统、主要技术条件、主要技术方案及确定的编制原则编制投资估算。

(3)工程可行性研究工作的重点技术方案比选,由专业设计人员确定工程量、造价人员编制估算。专业设计人员应对工程量负责,造价人员有义务参照同等或类似规模工程施工图工程量进行核查,并提出反馈意见。

(4)项目法人应提供的资料如下:

①提供需检修工程的建设及目前运行状态等相关资料;

②检修场地租用及清理费的费用计算规定及依据文件;

③外委设计工程投资估算、概算文件资料(如公路、码头、航道等);

④投资估算编制中需要提供的其他有关资料。

(5)配件及未计价材料价格按电力行业定额(造价)管理机构发布的信息价、近期招标价、市场价格或同类配件(材料)的合同价格编制。

(6)建筑修缮、设备检修的人工、材料、机械价格按照定额规定的原则计算,并按照电力行业定额(造价)管理机构颁发的调整规定及工程所在地定额(造价)管理部门发布的价格信息计算价差。

4. 初步设计概算

初步设计概算投资宜控制在可行性研究估算投资范围内。

（1）项目管理单位应提供的资料如下：

①初步设计文件，包括需检修工程的建设及目前运行状况等相关资料；

②主要配件及材料的招标价及供货范围；

③检修场地征用及清理费的费用规定及依据文件或协议；

④外委设计工程的正式概算，如公路、码头、航道等；

⑤项目前期工作的各项费用；

⑥初步设计概算编制中需要提供的其他有关资料。

（2）初步设计概算工程量应与初步设计图纸、说明书及配件清单保持一致。对投资影响较大的单项指标，技术经济人员应根据掌握的资料，对设计人员提供的工程量进行核算，并提出反馈意见。

（3）配件及未计价材料价格按合同价格、电力行业定额（造价）管理机构发布的近期信息价格、近期招标价、市场价格或同类配件（材料）的合同价格编制。

（4）建筑修缮、设备检修的人工、材料、机械价格按照定额规定的原则计算，并按照电力行业定额（造价）管理机构颁发的调整规定及工程所在地定额（造价）管理部门发布的价格信息计算价差。

5. 施工图预算

（1）施工图预算是工程实施过程中的重要文件，由设计单位负责编制时，也可作为施工图设计文件的组成部分。施工图预算是项目法人控制投资和工程结算的重要依据。施工图预算宜控制在初步设计概算投资范围内。

（2）施工图预算应根据施工图设计文件确定的工程量，套用相应预算定额及本规定。

（3）项目管理单位应提供的资料如下：

①施工图设计文件，包含施工图纸或工程量资料；

②提供配件及主要材料的订货、到货价格资料；

③提供委托外部设计、施工项目、自营项目的施工图预算；

④提供其他费用的相关资料，如合同及协议文件。

（4）施工图预算的编制范围以合同约定范围为准，一般应包括建筑修缮费、设备检修费、配件购置费和其他费用。施工图预算应按最终版施工图编制，经批准的重大设计变更及重新出图的一般设计变更也应编入施工图预算中。

（5）工程量计算规则应以定额规定的工程量计算规则为准，以施工图纸为依据计算。

（6）配件及未计价材料价格按招标确定的合同价格编制。

（7）建筑修缮、设备检修的人工、材料、机械价格按照定额规定的原则计算，并按照电力行业定额（造价）管理机构颁发的调整规定及工程所在地定额（造价）管理部门发布的价格信息计算价差。

6. 应急抢修工程预算

（1）应急抢修工程预算编制，必须统一编制原则和编制依据，主要内容包括编制范围，工程量计算依据，定额和预规选定，配件价格，确定的应急抢修工程措施方案以及确定的人工、材料、机械实际价格等。

（2）应急抢修工程预算应按照本规定的计算原则和配套定额编制，缺少的定额子目可选用相应行业定额，不足部分选用工程所在地的地方定额。

（3）应急抢修工程的人工、材料及机械价格根据电力行业定额（造价）管理机构颁布的人、材、机单价或工程实际发生且经项目管理单位认可的实际单价，与定额编制期给定的单价计算价差，汇入编制基准期价差。

（4）应急抢修过程中发生的应急调遣及协调、施工作业增加、安全文明施工及防护措施等各项措施费用，根据审核确认的应急抢修方案及实际投入费用，据实计列。

（5）编制应急抢修工程预算时，工程量的计算应按照电网检修工程定额所规定的工程量计算规则和设计图纸标识或经项目管理单位认可的资料数据计算。

（6）应急抢修工程其他费用参照本规定进行计列，本规定不足部分，按照应急抢修工程实际，在其他费用划分下增列。

（7）应急抢修工程预算参照电网检修工程预算编制格式，按建筑修缮费、设备抢修费、配件购置费和其他费用进行编制。

第6章 全寿命周期成本管理框架下的电网检修运维成本核算

对电网设备资产进行成本核算工作是电网企业对其生产经营活动进行管理的重要环节,在其基础上形成的企业财务报告是其他利益相关者了解企业经营状况的重要信息来源,成本核算的合理性直接决定了监管机构制定相关政策的有效程度,且是提高公司成本管理水平,实现真正意义上的成本精细化管理的重要因素之一。

本章介绍全寿命周期成本管理框架下的电网检修运维成本核算,其技术路线如图6-1所示。

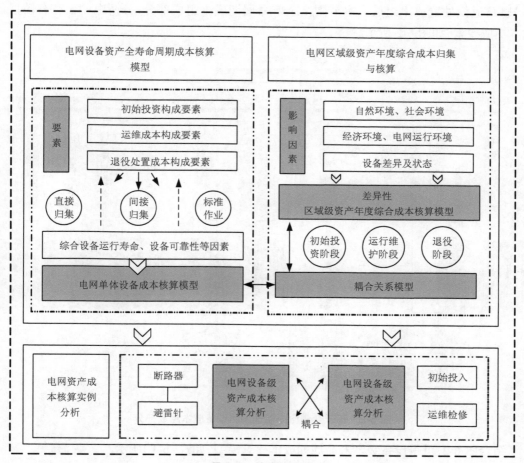

图6-1 技术路线图

首先,以全寿命周期理论为支撑,以投资、运维以及退役为主要阶段分析电网资产设备

级成本构成要素,再通过搭建检修运维标准作业库,实现检修运维成本归集至设备级资产的
基础上,构建电网设备级全寿命周期成本核算模型。

其次,综合考虑自然、环境、社会、电网结构等差异性,分析影响电网区域级设备成本因
素,构建差异性电网区域级资产年度综合成本核算模型。

再次,考虑初始投资和运营维护两个不同阶段,构建区域级资产年度综合成本与设备级
资产年度成本耦合关系模型。

最后,以某省电网为研究背景,通过实证分析验证所提设备和区域级成本核算模型的有
效性和适用性,以提高电网投资的精准性和运维的精益性。

6.1　电网设备资产全寿命周期成本核算模型

全寿命周期成本(Life Cycle Cost, LCC)是指产品在有效使用期间发生的与该产品有关
的所有成本。其一般主要由初始投资成本、检修运维成本(运维成本、检修成本以及故障成
本)以及退役处置成本组成。本节围绕全寿命周期成本组成部分,分析电网设备各阶段的
成本构成要素,如图 6-2 所示。

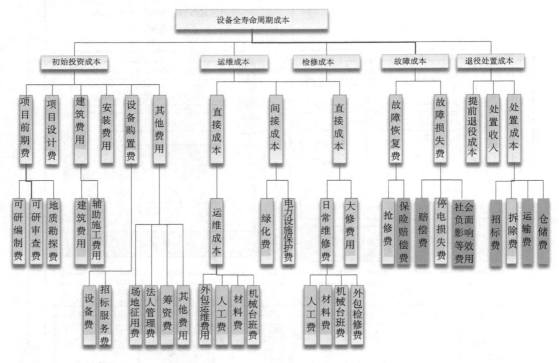

图 6-2　基于全寿命周期理论的设备成本组成部分

结合图 6-2,可得设备级全寿命周期成本核算模型,如式(6-1)所示:
$$LCC_i = C_{1i} + C_{2i} + C_{3i} \tag{6-1}$$
式中　LCC_i——第 i 类电网设备的全寿命周期成本;

C_{1i}——第 i 类电网设备的初始投入成本；

C_{2i}——第 i 类电网设备的检修运维成本，由运维成本、检修成本以及故障成本组成；

C_{3i}——第 i 类电网设备的退役处理成本。

6.1.1　电网设备初始投资成本核算模型

设备级初始投资可以通过直接归集的方式分摊到设备，通过对设备安装调试费、设备购置费和建设阶段其他费用的累加可以得到整个设备总投资额。各项投资成本均通过"在建工程"科目核算，在项目决算转资后，各项成本均计入资产原值，故通常科研中通过资产原值获取设备初始投资成本。

通用型初始投资阶段的成本核算模型如式（6-2）所示：

$$C_{1i} = EPF_i + ICF_i + OCF_i \tag{6-2}$$

式中　C_{1i}　——第 i 类电网设备初始投资成本；

　　　EPF_i——第 i 类电网设备采购价格，指为工程建设项目购置或自制的达到固定资产标准的设备、工具、器具的费用；

　　　ICF_i——第 i 类电网设备安装调试成本，指对需要进行安装的设备在施工过程中所支出的一切费用；

　　　OCF_i——第 i 类电网设备其他初始投资成本，主要包括土地征用及拆迁补偿费、建设单位管理费、临时设施费等。

对于电网单体设备而言，若设备为已投运转资设备，EPF_i 可直接通过财务 ERP 资产原值获取；若设备为未投运转资设备，EPF_i 则可通过 ERP 系统查询同种项目类型、设备类型等进行历史统计获取。但对于 ICF_i 和 OCF_i 而言，目前 ERP 系统暂时无法直接获取，因此引入 β 系数，通过查询历史统计，分析 ICF_i 和 OCF_i 与 EPF_i 之间的比例关系，将通用型初始投资成本核算模型改进如式（6-3）所示：

$$C_{1i} = \beta(EPF_i) \tag{6-3}$$

式中：β 为比例关系，根据查询同种项目类型、设备类型、电压等级设备进行历史归纳统计，再进行设计。

6.1.2　电网设备级检修运维成本核算模型

1. 设备级检修运维成本分摊方法

1）检修运维成本分摊方法确定

基于对设备级检修运维成本构成因素的梳理，本节进一步研究设备级检修运维成本的分摊方式。检修运维成本的分摊根据成本类别的不同，可采取标准作业成本法、按资产原值占比分摊法以及直接归集法，具体如图 6-3 所示。

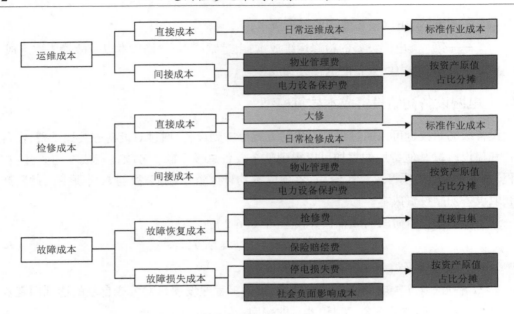

图 6-3　设备级检修运维成本分摊方法确定

由图 6-3 可知,检修运维成本中运维成本的直接成本与间接成本需要采用两种方法分摊,直接成本为日常运维成本(主要包含人工、材料及机械台班费),通过标准作业成本进行分摊;间接成本主要由物业管理费与电力设备保护费构成,通过按资产原值占比进行分摊,即成本费用 = 科目费用 ×(单体资产原值 / 总资产原值)。

检修成本的直接成本与间接成本也采用不同分摊方法,直接成本主要包括大修与日常检修成本(主要包含人工、材料及机械台班费),均采用标准作业成本法实现成本分摊;间接成本主要由物业管理费与电力设备保护费组成,按资产原值占比分摊。

故障成本主要由抢修费、保险赔偿费、停电损失费与社会负面影响成本组成,其中抢修费可采用直接归集法分摊,即按所花费抢修成本费用直接计提,其余费用需要按资产原值占比分摊。

2)标准作业库分摊方法构建思路

基于对检修运维成本构成要素的分析,检修运维阶段成本的分摊较为复杂,除去部分成本可以直接分摊外,剩余成本难以通过直接归集的方式进行分摊,引入标准作业库对该部分成本进行分摊。其中,标准作业库构建流程如图 6-4 所示。

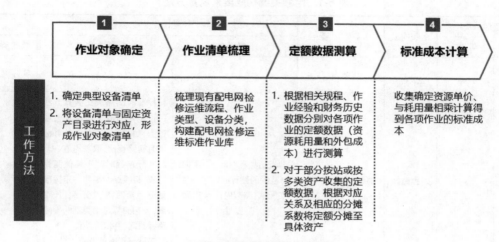

图 6-4　标准作业库构建流程

Ⅰ.作业对象确定及清单梳理

按照《国家电网有限公司电网设备检修成本额定(1295 号文)》以及《检修运维标准化作业指导书》等文件规定,结合运维成本构成要素分析,梳理各电压等级设备的运维、检修标准作业类型、作业对象、作业频率等运维成本清单,构建标准作业库清单。

Ⅱ.定额数据测算

作业成本定额是对检修运维活动中单个作业活动所消耗的材料、人工和机械台班费进行定额,其关键构成要素如图 6-5 所示。

资源分类		定额构成				
大类	小类					
人工	—	作业前准备时间	路程时间	等待时间	作业时间	配合时间
材料	装置性材料	消耗量				
	周转性材料	使用量				
	消耗性材料	消耗量				
机械台班	车辆	路程时间	等待时间	作业时间		
	施工机械	路程时间	等待时间	作业时间		
	仪器仪表	路程时间	等待时间	作业时间		

图 6-5　检修运维成本定额关键构成要素

结合对检修运维成本定额关键要素的分析,通过实测数据测试,确定各项标准作业的人工、材料、机械台班消耗量具体测算方法,见表 6-1。

表 6-1　定额关键构成要素测算方法

资源分类		定额构成	影响因素	标准作业成本定额		
大类	小类			计算公式	测算方法	数据来源
人工		作业前准备时间	作业内容			实际测算
		路程时间	距离、地理环境	平均法:路程时间=不同距离范围的路程时间平均值 实际法:路程时间=实际路程时间	1. 标准时间路程比测算方法(即测算 1 km 平均耗时):通过测算实际路程时间,计算标准时间路程比,取平均值 2. 实际路程时间平均值测算方法:将线路路距按一定标准划分为短距离、中距离、长距离,分别测算每个类别的实际路程时间,并取平均值 3. 实际路程时间测算方法:记录每次作业的实际路程时间	实际测算
		等待时间	不确定	等待时间=实际等待时间	记录每次作业从到达目的地后至收到作业指令的等待时间	实际测算
		作业时间	作业内容、电压等级、地理环境等	作业时间=历史实际作业时间平均值	根据历史记录填写作业时间	历史记录
		配合时间	不确定	配合时间=实际配合时间	记录每次作业配合人员的配合工作时间	实际测算
材料	装置性材料	消耗量	作业类型、资产新旧程度	消耗量=某一作业多次实际消耗量的平均值	记录多次作业的实际消耗量,平均法计算定额	实际测算
	周转性材料	使用量	作业类型、资产新旧程度	不计算	—	—
	消耗性材料	消耗量	作业类型、资产新旧程度	消耗量=某一作业多次实际消耗量的平均值	按照一定原则划分出需纳入定额的消耗性材料,记录多次作业的实际消耗量,平均法计算定额	实际测量
机械台班	车辆	路程时间	距离、地理环境	路程时间=人工路程时间	—	实际测算
		等待时间	不确定	等待时间=人工等待时间	—	实际测量
		作业时间	作业内容、电压等级、地理环境等	作业时间=人工作业时间	—	历史记录
	施工机械	路程时间	距离、地理环境	路程时间=人工路程时间	—	实际测算
		等待时间	不确定	等待时间=人工等待时间	—	实际测量
		作业时间	作业内容、电压等级、地理环境等	作业时间=人工作业时间	—	历史记录
	仪器仪表	路程时间	距离、地理环境	路程时间=人工路程时间	—	实际测算
		等待时间	不确定	等待时间=人工等待时间	—	实际测量
		作业时间	作业内容、电压等级、地理环境等	作业时间=人工作业时间	—	历史记录

Ⅲ. 标准成本计算

基于定额测算方法,对各项间接成本,即人工、材料、机械台班单价成本测算,融合标准作业定额、影响因子,确定成本定价计算方法,见表6-2。

表 6-2　成本定价计算方法表

成本构成	计算方法	数据来源
人工成本定价	人工成本定价 = 生产单位综合年度人均总薪酬 /(年标准工作日 ×8 h)	1. 生产单位综合年度人均总薪酬采用财务部核算各生产单位 2016 年平均职工个人年度薪酬数据(包括职工薪酬下属所有明细科目,工资、职工福利费、各种保险费、公积金、住房补贴等); 2. 年标准工作日为全年天数减去双休日、法定假期和职工平均年假等所有假期之后的实际工作天数
材料成本定价	材料成本定价 = 采购合同平均材料单价(标准作业材料费率口径只包含装置性材料费率与消耗性材料费率)	1. 采购合同平均材料单价采用物资部 20 年材料采购合同价格数据的平均数作为标准材料费率; 2. 部分无法在物资采购合同中获取价格的材料,采用行业市场价格信息或生产单位经验价格信息作为标准费率
机械成本定价	交通工具 / 施工机械台班费 =(固定费用 + 可变费用)/ 年标准可用台班 仪器仪表台班费 = 固定费用 / 年标准工作台班 年标准可用台班 = 年标准工作日 ×8 h	1. 交通工具 / 施工机械固定费用包括折旧费、操作人工费、年票 & 车税 & 保险费、修理费、校验费,可变费用包括燃料动力费、路桥费; 2. 仪器仪表固定费用包括折旧费、修理费、校验费; 3. 年标准工作日为全年天数减去双休日、法定假期和职工平均年假等所有假期之后的实际工作天数

2. 电网设备级检修运维成本核算模型构建

由运维成本构成要素分析可知,检修运维成本包括运维成本、检修成本和故障成本。现构建设备级检修运维成本核算模型为

$$C_{2i} = OM + OH + MF \tag{6-4}$$

式中　C_{2i} ——第 i 类电网设备检修运维成本;

　　　OM ——第 i 类电网设备运行期运维成本;

　　　OH ——第 i 类电网设备运行期检修成本;

　　　MF ——第 i 类电网设备运行期故障成本。

1) 运维成本核算模型

运维成本基本都有固定频率且工作流程统一,基于标准作业库,确定工时、工费等定额与定价要素,并根据作业频率(或 PMS 运维记录)统计作业次数,通过"标准作业成本 × 作业次数",即可实现对设备运维成本的归集。运维成本包括人工费、材料费、机械台班费及其他费用。

电网设备整个运行期运维成本为

$$OM = m_i \times OM_i \tag{6-5}$$

式中　m_i ——第 i 类电网设备运行年限;

　　　OM_i ——第 i 类电网设备第 t 年运维成本,且有

$$OM_i = \sum_{j=1}^{J} \left(C_j^{iHR} + C_j^{iMT} + C_j^{iMC} \right)$$ （6-6）

式中　　C_j^{iHR}——第 i 类电网设备第 j 类运维作业的人工成本；

C_j^{iMT}——第 i 类电网设备第 j 类运维作业的材料成本；

C_j^{iMC}——第 i 类电网设备第 j 类运维作业的机械台班成本。

对于运维作业，每年的作业次数可通过 PMS 系统工单查询或计算获得。

人工成本的计算方法为标准作业年次数 × 作业对象数量 × 标准人工工时 × 标准人工成本费率，可表示为

$$C_j^{iHR} = \sum_{j=1}^{J} \left(f_j^i \times n_j^{iOBJ} \times t_j^{iHR} \times r_j^{iHR} \right)$$ （6-7）

式中　　f_j^i　——第 i 类电网设备第 j 类作业年度发生的频率；

n_j^{iOBJ}——第 i 类电网设备第 j 类作业对象的数量；

t_j^{iHR}——第 i 类电网设备第 j 类作业标准人工工时；

r_j^{iHR}——第 i 类电网设备第 j 类作业标准人工成本费率。

材料成本的计算方法为标准作业年次数 × 作业对象数量 ×（材料 1 定额 × 单价 + 材料 2 定额 × 单价 +⋯），可表示为

$$C_j^{iMT} = \sum_{j=1}^{J} \left[f_j^i \times n_j^{iOBJ} \times \sum_{x=1}^{X} \left(p_x \times q_{jx}^i \right) \right]$$ （6-8）

式中　　n_j^{iOBJ}——第 i 类电网设备第 j 类作业对象的数量；

p_x　——材料 x 的定价；

q_{jx}^i——第 i 类电网设备第 j 类作业材料 x 的定额。

机械台班成本的计算方法为标准作业计划年次数 × 作业对象数量 ×（机械 1 标准机器工时 × 机械 1 标准机械成本费率 + 机械 2 标准机器工时 × 机械 2 标准机械成本费率 +⋯），可表示为

$$C_j^{iMC} = \sum_{j=1}^{J} \left[f_j^i \times n_j^{iOBJ} \times \sum_{q=1}^{Q} \left(t_j^{iqMC} \times r_j^{iqMC} \right) \right]$$ （6-9）

式中　　n_j^{iOBJ}——第 i 类电网设备第 j 类作业对象的数量；

q　　——第 i 类电网设备第 q 项作业机械种类数；

t_j^{iqMC}——第 i 类电网设备第 j 类作业 q 机械的标准机器工时；

r_j^{iqMC}——第 i 类电网设备第 j 类作业 q 机械的标准机械成本费率。

2）检修成本核算模型

电网检修成本分一般性检修成本及专项大修成本。检修成本由设备的可靠性（即维修次数）、单次检修成本等因子决定。设备可靠性由浴盆曲线模拟确定，检修成本模型为

$$OH = m_i \times OH_i$$ （6-10）

式中　　m_i　——第 i 类电网设备运行年限；

OH_i——第 i 类电网设备第 t 年检修成本,且有

$$OH_i = \sum_{s=1}^{S} CM_{iFT}^s \times f_{iFT}^s \qquad (6\text{-}11)$$

式中　s　——故障类型数;

　　CM_{iFT}^s——第 i 类电网设备第 s 类故障类型的维修成本;

　　f_{iFT}^s　——第 i 类电网设备第 s 类故障类型发生的概率。

选取浴盆曲线对故障发生的概率进行模拟,方法模型如图 6-6 所示。通过浴盆曲线的概率分布可以实现对设备故障率和失效率的量化分析。

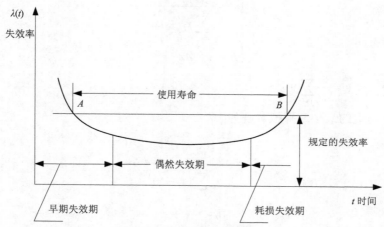

图 6-6　浴盆曲线模型

本项目根据设备失效概率分布的样本曲线,提出了一种双重拟合方法,首先利用双向拟合方法提高威布尔函数拟合的精度,然后利用正弦函数进行二重拟合,进一步提高拟合精度。具体测算模型如下。

威布尔函数

$$F(t) = 1 - \exp\left[-(\frac{t}{\alpha})^{\beta}\right]$$

故障密度函数

$$f(t) = \frac{\beta t^{\beta-1}}{\alpha^{\beta}} \exp\left[-(\frac{t}{\alpha})^{\beta}\right]$$

可靠度函数

$$R(t) = 1 - F(t) = \exp\left[-(\frac{t}{\alpha})^{\beta}\right]$$

故障率函数

$$\lambda(t) = \frac{f(t)}{R(t)} = \frac{\beta t^{\beta-1}}{\alpha^{\beta}}$$

其中,t 为时间,α 为尺度参数,β 为形状参数。

威布尔分布的三种故障率 $\beta < 1$、$\beta = 1$、$\beta > 1$,与浴盆曲线的三个阶段相对应。因此,

失效概率曲线为浴盆曲线的设备近似服从威布尔分布。最小二乘估计是威布尔分布参数估计的一种较好的方法。

对于式 $F(t) = 1 - \exp\left[-(\frac{t}{\alpha})^\beta\right]$，将其左右变形，对取两次对数变换，$\ln\ln\left[\dfrac{1}{1-F(t)}\right]$ $= \beta(\ln t - \ln\alpha)$ 令 $y = \ln\ln\left[\dfrac{1}{1-F(t)}\right]$，$x = \ln t$，$A = \beta$，$B = -\beta\ln\alpha$，则 $y = Ax + B$，计算线性回归方程中回归系数 A 和 B 的最小二乘估计解为

$$\begin{cases} A = \dfrac{\sum\limits_{i=1}^{n} x_i y_i - n\overline{x}\,\overline{y}}{\sum\limits_{i=1}^{n} x_i^2 - n\overline{x}^2} \\[4mm] B = \overline{y} - Ax \end{cases} \tag{6-12}$$

其中，$\overline{x} = \dfrac{1}{n}\cdot\sum\limits_{i=1}^{n} x_i$，$\overline{y} = \dfrac{1}{n}\cdot\sum\limits_{i=1}^{n} y_i$。

对于 X 方向上的最小二乘拟合解为

$$A_{yx} = \dfrac{\sum\limits_{i=1}^{n}[(x_i - \overline{x})(y_i - \overline{y})]}{\sum\limits_{i=1}^{n}(x_i - \overline{x})^2} \tag{6-13}$$

$$B = \overline{y} - A\cdot\overline{x} \tag{6-14}$$

对于 Y 方向上的最小二乘拟合解为

$$A_{xy} = \dfrac{\sum\limits_{i=1}^{n}(y_i - \overline{y})^2}{\sum\limits_{i=1}^{n}[(x_i - \overline{x})(y_i - \overline{y})]} \tag{6-15}$$

$$B = \overline{y} - A\cdot\overline{x} \tag{6-16}$$

其中，$\overline{x} = \dfrac{1}{n}\cdot\sum\limits_{i=1}^{n} x_i$，$\overline{y} = \dfrac{1}{n}\cdot\sum\limits_{i=1}^{n} y_i$，于是有

$$\beta_{yx} = \dfrac{\sum\limits_{i=1}^{n}[(x_i - \overline{x})(y_i - \overline{y})]}{\sum\limits_{i=1}^{n}(x_i - \overline{x})^2} \tag{6-17}$$

$$\alpha_{yx} = e^{[-(\frac{\overline{y}}{\beta_{yx}} - \overline{x})]} \tag{6-18}$$

$$\beta_{xy} = \dfrac{\sum\limits_{i=1}^{n}(y_i - \overline{y})^2}{\sum\limits_{i=1}^{n}[(x_i - \overline{x})(y_i - \overline{y})]} \tag{6-19}$$

$$\beta_{xy} = e^{(\frac{\overline{y}}{\beta_{xy}} - \overline{x})} \tag{6-20}$$

由上述步骤得到：

$$\begin{cases} \alpha = \dfrac{\alpha_{yx} + \alpha_{xy}}{2} \\[2mm] \alpha = \dfrac{\alpha_{yx} + \alpha_{xy}}{2} \end{cases} \tag{6-21}$$

将参数值 β 和 α 代入威布尔函数中，得到威布尔函数计算值：

$$K_i = 1 - e^{[-(\frac{t_i}{\alpha})^{\beta}]} \tag{6-22}$$

对失效概率分布样本曲线和拟合后的威布尔函数曲线进行差值运算：

$$delta(t_i) = F(t_i) - K_i \tag{6-23}$$

然后利用正弦函数 $A\sin(\omega t + \varphi)$ 对 $delta(t_i)$ 进行二重拟合，得到参数值 A，ω，φ，进而得到最终的失效概率曲线，即维修概率拟合函数为

$$f_{i\,FT}^{s} = 1 - e^{[-(\frac{t}{\alpha})^{\beta}]} + A\sin(\omega t + \varphi) \tag{6-24}$$

6.1.3　故障成本核算模型

故障成本由赔偿费、停电损失费、社会负面影响费用等组成。故障成本与检修成本类似，通常也受设备可靠性的影响，故障成本由设备的可靠性、故障率及单次故障损失成本等因子决定，具体核算模型如式（6-25）所示：

$$MF_i = \sum_{s=1}^{S} (C_{i\,f}^{s}) \times f_{i\,FT}^{s} \tag{6-25}$$

式中　　$C_{i\,f}^{s}$——第 i 类电网设备第 s 类单次故障损失成本，它是由相关专家在综合考虑设备的直接损失和间接损失的基础上根据经验得到的估算值；

　　　　$f_{i\,FT}^{s}$——第 i 类电网设备第 s 类故障的发生次数。

6.1.4　电网设备退役处置成本核算模型

退役处置成本分为处置收入和处置成本。处置收入可通过 ERP 系统废旧物资处置模块归集；处置成本包括运输费、拆除费、仓储费等固定资产清理费用，考虑到当前退役报废设备为网上竞拍，由中标单位负责拆除及运输，此部分费用暂不考虑。

退役处置成本

$$C_{3i} = CD_i - CR_i \tag{6-26}$$

式中　　CD_i——第 i 类电网设备退役处理成本，包括机械台班费、材料费和人工费用，该成本可根据不同电压等级、不同设备类型结合专家经验进行固化；

　　　　CR_i——第 i 类电网设备报废后可回收的残值。

6.1.5 算例分析

1. 单体设备基础数据收集

按照单体设备分工,收集与其相关的规划、采购、建设成本及 2015~2016 年所有运行、检修作业成本,按照分摊规则将作业与单体资产关联,从而实现各阶段成本归集至单体资产。

为确保单体资产全寿命周期成本的准确性、相关性,各阶段成本尽量采用直接归集的方式,无法归集或归集成本过高的成本则采用标准作业分摊方法进行归集。

2. 10 kV 断路器成本分摊与归集研究

1)初始投入成本

根据设备级初始投入成本分摊模型,设备形成阶段的费用主要包括设备购置费等直接费用,建筑费用、安装费用及其他费用等间接费用,直接费用可直接归集到具体设备,间接费用需要按照既定分摊规则摊入到相应的设备上,设备最终的价值由上述直接费用和间接费用构成。

选取某省某 10 kV 断路器进行核算,具体数据来源于财务工程决算报告,成本核算如下:

$$初始投入成本$$
$$= 设备购置费 + 设备基座费 + 安装费用 + 摊入费用$$
$$=(18\,684.49+9\,352.77+8\,728.06+8\,721.25)=45\,486.57\ 元$$

2)检修运维成本

Ⅰ. 运维成本

Ⅰ)巡视运维成本

根据 10 kV 断路器标准化作业成本库,统计 2019 年某 10 kV 断路器巡视运维记录,具体见表 6-3。

表 6-3　某 10 kV 断路器巡视运维统计

序号	作业对象	标准作业名称	作业频率	巡视次数	人数	单次工时	总工时
1	10 kV 断路器	例行巡视	每周 1 次	52	2	0.15 h	15.6 h
2	10 kV 断路器	全面巡视	每月 1 次	12	2	0.3 h	7.2 h
3	10 kV 断路器	熄灯巡视	每月 1 次	12	2	0.5 h	12 h
4	10 kV 断路器	特殊巡视	—	6	2	0.5 h	6 h
5	10 kV 断路器	日常维护 - 清扫	检修时进行	1	3	3 h	9 h

基于表 6-3,按某省公司人力资源部测算人工单位时间成本为 55 元 /h 计,日常巡视运维成本见表 6-4。

表 6-4   某 10 kV 断路器巡视运维成本

序号	作业对象	标准作业名称	人工费/元	工具费/元	合计成本/元
1	10 kV 断路器	例行巡视	858	52	910
2	10 kV 断路器	全面巡视	396	12	408
3	10 kV 断路器	熄灯巡视	660	12	672
4	10 kV 断路器	特殊巡视	330	6	336
5	10 kV 断路器	日常维护 – 清扫	495	20	515

结合表 6-4, 得某 10 kV 断路器巡视运维成本 =910+408+672+336+515 = 2 841 元。

Ⅱ) 倒闸运维成本

根据 10 kV 断路器标准化作业成本库, 统计某 10 kV 断路器倒闸运维记录和各项成本, 具体见表 6-5。

表 6-5   某 10 kV 断路器倒闸运维成本

序号	作业对象	标准作业名称	操作人数	人均工时/h	单次人工费/(元/h)	工具费/元	成本/元
1	10 kV 断路器	倒闸操作	3	4	55	105	765

某 10 kV 断路器倒闸运维成本 =3×4×55+105=765 元。

进一步得运维成本 =2 841+765=3 606 元。

Ⅱ. 检修成本

某 10 kV 断路器发生 C 类检修(停电状态下常规检查、维护和试验)一次, 根据 10 kV 断路器标准化作业成本库, 统计各项成本, 见表 6-6。

表 6-6   某 10 kV 断路器 C 类检修成本

检修工作	吊车费	人工费/元	运输费/元	检修耗材费/元	仪器设备折旧费/元	后台维护费/元	技术指导	设备成本费	合计成本
断路器检修(C 类)	—	3 500	800	480	756	300	—	—	5 836

结合表 6-6, 得检修成本 =3 500+800+480+756+300=5 836 元。

3) 退役成本

假定某 10 kV 断路器退役后, 基本无残值。通过系统查询历史统计, 得某 10 kV 断路器报废期产生的费用 =2 900 元。

4) 全寿命周期成本

基于对初始投入成本、检修成本以及退役成本的测算, 得某 10 kV 断路器的全寿命周期成本核算结果为

$$LCC = 45\ 486.57 \text{ 元} + 3\ 606 \text{ 元} \times 5 + 5\ 836 + 2\ 900 \text{ 元} = 72\ 252.57 \text{ 元}。$$

3. 35 kV 避雷器成本分摊与归集研究

选取某 35 kV 避雷器进行成本研究分析。选取某省 8 座 35 kV 变电站中的避雷器为成本分析基础,进行成本分摊与归集研究。

1)初始投入成本

根据设备级初始投入成本分摊模型,设备形成阶段的费用主要包括设备购置费等直接费用,建筑费用、安装费用及其他费用等间接费用,直接费用可直接归集到具体设备,间接费用需要按照既定分摊规则摊入到相应的设备上,设备最终的价值由上述直接费用和间接费用构成。

本次研究选取 8 座 35 kV 变电站中的避雷器平均值进行核算,具体数据来源于财务工程决算报告,成本核算如下:

$$初始投入成本$$
$$= 设备购置费 + 设备基座费 + 安装费用 + 摊入费用$$
$$= 9\,550\ 元 + 38\,265.05\ 元 = 47\,815.05\ 元$$

2)检修运维成本

Ⅰ. 运维成本

日常运维成本,在计算中考虑运维人员到站巡视及现场维护的人工费用、来往车辆的燃油费等,因正常巡视几乎不涉及设备更换,故不考虑材料费用。基于标准作业库,各项定额系数见表 6-7。

表 6-7　35 kV 避雷器日常运维统计

序号	作业对象	成本影响因素	作业频率	每个工时成本费用 / 元	人数	单次工时
1	35 kV 避雷器	巡视、运维	每周 1 次	120	2	4 h
2	35 kV 避雷器	车辆燃油费	每周 1 次	(单次成本)100	1	—

得一个 35 kV 避雷器年度运维费用 = 巡视运维人工费 + 车辆燃油费 = 120(工时单位成本)× 4(工时)× 52(周数)× 2(人数)+ 100(单次成本)× 52(周数)= 49 920 + 5 200 = 55 120 元

Ⅱ. 检修成本

在检修作业中主要是对避雷器开展定检试验、采集终端更换工作以及避雷器本体檫试、连接部件检查和紧固等工作。检修中考虑到避雷器采集终端易损,计备件 1 只,涉及检修所需车辆租赁、人员费用、试验器材消耗等。基于标准作业库所得定额,以及历史实际检修结果,得 35 kV 避雷器定额检修费用,见表 6-8。

表 6-8　35 kV 避雷器定额检修费用

序号	成本影响要素	耗费工时及费用预测	备注
1	吊车费	1 台班,费用 1 500 元,检修一个避雷器间隔按 1 台班计算	
2	人工费	4 人次,费用 800 元	

序号	成本影响要素	耗费工时及费用预测	备注
3	运输费	1 台班,费用 1 800 元	
4	试验费	3 台,费用 4 500 元	
5	检修耗材	300 元 / 台次,费用 5 100 元	
6	带电检测费用	人工费 3 人 / 次,计 2 次,费用约 6 000 元	
7	仪器设备折旧费	费用约 112 元 / 台次,(仪器数量计 3 台,每年检测 2 次,仪器寿命 7 年),费用合计 336 元 / 台次	
8	后台维护费用	每套费用 3 万元,使用寿命约为 5 年,期间维护费用约为 2 万元,分摊后,年损耗约为 0.714 2 万元	

基于表 6-8 得 35 kV 避雷器年度检修成本 = 避雷器成本费 + 车辆费 + 材料费 + 带电检测费用 + 仪器设备折旧费 + 人工费 =46 036 元。

3）退役成本

假定某变电站 35 kV 避雷针退役后,基本无残值。

通过系统查询历史统计,得某变电站 35 kV 避雷针报废期产生的费用 =2 500 元。

4）全寿命周期成本

基于对初始投入成本、检修成本以及退役成本的测算,得某 35 kV 避雷器的全寿命周期成本核算结果为 LCC=47 815.05 元 +46 036 元 × 5 +2 500 元 =280 495.05 元。

6.2　电网区域级资产年度综合成本核算模型

6.2.1　考虑区域差异性的电网区域级年度成本核算模型

由于我国不同区域具有独特的自然地理特征、人文政治条件,其经济发展程度和电网规划建设也具有较大的区别,造成区域电网成本具有一定的差异,本节从自然、社会、经济、电网运行状态、设备状态等多角度出发,分析区域差异化特性,研究其影响成本的类别,将其纳为成本影响参数,构建差异化区域电网设备年度综合成本核算模型。

由表 6-9 可以看出,自然环境、社会环境、经济环境、电网运维状态以及设备状态均会对电网年度成本产生一定的影响。以自然环境为例,在初始投入阶段,若地理环境复杂,丘陵、山川地貌分布较多,会导致电网在建设阶段的可行性研究调研费用增加,建设期的施工成本增大;此外,复杂的气候条件会对设备属性提出更高的要求,购买设备的成本相应增大,影响系统初始投入成本;在检修运维阶段,受自然条件等影响,从设备角度,影响设备可靠性,自然条件恶劣会对设备可靠性产生一定的影响,从成本角度,影响检修工时、检修人力、材料等各项成本,自然条件越恶劣,检修运维成本相对来说越高;在退役阶段,受自然条件等影响,同类设备在不同的自然环境下,使用寿命、剩余残值均有所不同,例如自然灾害的发生会在不同程度上影响设备的残余价值,从而影响设备退役成本。

表 6-9　影响电网区域级年度成本因素分析

一级影响指标	二级影响指标	三级影响指标	影响的成本类别
自然环境 A	地理位置 A1	地形 A11	投资 / 运维 / 退役
		海拔 A12	投资 / 运维 / 退役
	气候条件 A2	天气 A21	投资 / 运维 / 退役
		温度 A22	投资 / 运维 / 退役
社会环境 B	区域经济水平 B1	—	投资 / 运维 / 退役
	用电类型 B2	—	投资 / 运维
经济环境 C	区域生产总值 C1	—	投资 / 运维
	产业结构 C2	—	投资 / 运维
	各类成本 C3	—	投资 / 运维 / 退役
	用电量 C4	—	投资 / 运维
电网运行状态 D	电网建设水平 D1	配电容量 D11	投资 / 运维 / 退役
		配电线路长度 D12	投资 / 运维 / 退役
	电网运行 D2	网损 D21	投资 / 运维
		电能质量 D22	投资 / 运维
		可靠性 D23	投资 / 运维
		智能化 D24	投资 / 运维 / 退役
设备状态 E	设备类型 E1	—	投资 / 运维 / 退役
	设备已使用年限 E2	—	运维 / 退役
	设备运维历史 E3	—	运维 / 退役

因此,构建电网区域级年度成本核算模型需综合考虑电网所处的不同阶段,构建考虑差异性的成本核算模型。本节基于表 6-9 的影响因素,结合设备级各阶段成本要素的分析,电网区域级年度成本由初始投入成本、检修运维成本以及退役成本组成,综合各项影响因素,得电网区域级年度成本核算模型如式(6-27)所示:

$$C_t = (A \cdot B \cdot C \cdot D \cdot E) \times (C_{1t} + C_{2t} + C_{3t}) \tag{6-27}$$

式中　A, B, C, D, E ——分别为自然、社会、经济、电网运行状态以及设备状态影响各项成本的权重系数,一般可以通过同类地区历史统计获取或根据不同电压等级、不同设备类型结合专家经验进行固化;

C_t ——第 t 年电网区域级年度成本;

C_{1t} ——第 t 年电网区域级初始投资成本;

C_{2t} ——第 t 年电网区域级检修运维成本;

C_{3t} ——第 t 年电网区域级退役成本。

6.2.2　电网区域级初始投资年度成本核算模型

区域级年度初始投资成本为区域内部电网投建总金额的年度折旧成本,指在电网设备的使用年限内,依照确定的折旧方法对固定资产的投资总额进行年度分摊。

其中,影响固定资产投资总额年度分摊结果的因素主要包括:

(1)初始投资总成本,指购买固定资产的实际总成本;

(2)预计净残值,指固定资产的预计使用寿命已满并处于使用寿命终期的预期状态,企业当前从该资产处置中获得的扣除预计处置费用后的金额,其受自然条件、技术条件等多方面的影响;

(3)预计使用年限,指企业使用固定资产的预计期间。

基于以上分析,采用年限平均法,综合多种因素影响,对区域级电网年度成本进行分摊。初始投资阶段年度分摊模型如式(6-28)所示:

$$C_{1t} = CI \times \frac{1 - r_{nsv}}{Y_u} \times 100\% \qquad (6\text{-}28)$$

式中　r_{nsv}——预计净残值率;

　　　Y_u——预计使用寿命;

　　　C_{1t}——第 t 年的初始投资成本;

　　　CI——一次性投入成本,且有

$$CI = EPF + ICF + OCF \qquad (6\text{-}29)$$

式中　EPF——电网设备采购价格,指为工程建设项目购置或自制的达到固定资产标准的设备、工具、器具的费用;

　　　ICF——电网设备安装调试成本,指对需要进行安装的设备在施工过程中所支出的一切费用;

　　　OCF——电网设备其他初始投资成本,主要包括土地征用及拆迁补偿费、建设单位管理费、临时设施费等。

对于电网单体设备而言,若设备为已投运转资设备,EPF 可直接通过财务 ERP 资产原值获取,若设备为未投运转资设备,则可通过 ERP 系统查询同项目类型、同设备类型等进行历史统计获取。但对 ICF 和 OCF 而言,目前 ERP 系统暂时无法直接获取,因此引入 ∂ 系数,通过查询同地区、同项目类型、同设备类型的财务转资历史数据,统计分析 ICF_i 和 OCF_i 与 EPF_i 之间的比例关系,得电网区域级一次性投入成本模型

$$CI = \partial(EPF) \qquad (6\text{-}30)$$

式中:∂ 为比例关系,通过对同地区、同项目类型、同设备类型、同电压等级的区域电网的财务转资数据进行历史归纳统计,分析该比例关系。

6.2.3　电网区域级年度检修运维成本核算模型

由检修运维成本构成要素分析可知,电网区域级年度检修运维成本包括运维成本、检修成本和故障成本。现构建区域级年度检修运维成本核算模型如式(6-31)所示:

$$C_{2t} = OM_t + OH_t + MF_t \qquad (6\text{-}31)$$

式中　C_{2t}——第 t 年电网区域级检修运维成本;

OM_t——第 t 年电网区域级运维成本；

OH_t——第 t 年电网区域级检修成本；

MF_t——第 t 年电网区域级故障成本。

1. 区域级年度运维成本核算模型

电网区域级年度运维成本由日常运维成本和网损成本组成。其中，日常运维成本基本都有固定频率且工作流程统一，基于标准作业库，确定工时、工费等定额与定价要素，并根据作业频率（或 PMS 运维记录）统计作业次数，通过"标准作业成本 × 年度作业次数"，即可对区域级年度运维成本进行归集；网损成本受网损率、年度电能总购买量以及平均网损成本影响，网损率受所在地区、配电线路长度、技术水平等多方面影响，一般可通过历史数据进行统计。区域级年度运维成本核算模型如式（6-32）所示：

$$OM_t = C_{o,t} + C_{w,t} \tag{6-32}$$

式中　$C_{o,t}$——第 t 年日常运维成本；

$C_{w,t}$——第 t 年网损成本。

$$C_{o,t} = f_{c,j} \times \sum_{j=1}^{J} C_{c,j}$$

式中　$f_{c,j}$——第 t 年第 j 类运维作业发生的次数，可通过系统查询直接获取；

$C_{c,j}$——第 j 类运维作业定额成本，可通过标准作业库各项定额获取。

$$C_w = \varphi \times Q_t \times C_{avg} \tag{6-33}$$

式中　C_w——区域网损成本；

Q_t——第 t 年内区域总购电量；

φ——网损率，可通过历史数据获取；

C_{avg}——第 t 年单位电能损耗值平均网损成本。

2. 区域级年度检修成本核算模型

电网区域级年度检修成本分一般性检修成本及专项大修成本。年度检修成本受区域内电网设备所处运行阶段、区域内电网设备可靠性（即维修次数）、单次检修成本等因素影响，构建区域段年度检修成本核算模型如式（6-34）所示：

$$OH_t = \sum_s^S \sum_i^I CM_{iFT}^s \times f_{i,tFT}^s \tag{6-34}$$

式中　s　　——故障类型数；

CM_{iFT}^s——第 i 类电网设备第 s 类故障类型的维修成本；

$f_{i,tFT}^s$　——第 t 年第 i 类电网设备第 s 类故障类型发生的概率，参考设备级故障率模拟曲线进行求解。

6.2.4　区域级年度故障成本核算模型

年度故障成本由停电损失费、社会负面影响费用等组成,通常受系统可靠性、设备可靠性的影响。其中,系统的可靠性通过可用停电时间、停电次数来表征,设备的可靠性用设备故障率表征。区域段年度故障成本核算模型如式(6-35)所示:

$$MF_t = (C_f \times T_{td} \times T_{pl}) + \sum_{i=1}^{I} \sum_{s=1}^{S} (C_{if}^s) \times f_{iFT}^s \qquad (6\text{-}35)$$

式中　C_f——区域电网停电的惩罚成本,由相关专家在综合考虑设备的直接损失和间接损失的基础上根据经验所得的估算值;

T_{td}——系统平均停电持续时间,指每个由系统供电的用户在一年中所遭受的平均停电持续时间,可以通过历史统计数据获得;

T_{pl}——系统年度平均停电次数,指每个由系统供电的用户在单位时间内所遭受到的平均停电次数,可以通过历史统计数据获取;

C_{if}^s——第 i 类电网设备第 s 类单次故障损失成本,由相关专家在综合考虑设备的直接损失和间接损失的基础上根据经验所得的估算值;

f_{iFT}^s——第 i 类电网设备第 s 类故障发生次数,由浴盆曲线模拟确定。

6.2.5　电网区域级年度退役处置成本核算模型

电网区域级退役处置成本由各设备的处置收入和处置成本累加组成。其中,各设备的处置收入可通过 ERP 系统废旧物资处置模块归集;处置成本包括运输费、拆除费、仓储费等固定资产清理费用,考虑到当前退役报废设备为网上竞拍,由中标单位负责拆除及运输,此部分费用暂不考虑。区域级年度退役处置成本核算模型如式(6-36)所示:

$$C_{3t} = \sum_{i=1}^{I} (CD_i - CR_i) \qquad (6\text{-}36)$$

式中　C_{3t}——区域级年度退役处置成本;

CD_i——第 i 类电网设备退役处理成本,包括机械台班费、材料费和人工费用,该成本可根据不同电压等级、不同设备类型,并结合专家经验进行固化;

CR_i——第 i 类电网设备报废后可回收的残值。

6.2.6　算例分析

1.区域级基础数据收集

按照折现率为8%,以某省某地级市为单位,对其电网年度成本进行核算分析。

通过对某省某地级市电网实物进行资产梳理,可知区域电网设备包含输电线路(包含架空输电线路、电缆输电线路)、变电设备(包含变压器、换流设备、电气一般设备)、配电线路及设备(包含配电线路、配电设备)、通信线路及设备(包含通信线路、通信设备)、自动化控制设备及仪器仪表(包含自动化系统及设备、继电保护及安全自动装置、仪器仪表及测试设备、信息系统设备、其他控制和保护设备)、生产管理用工器具、运输设备(包含汽车运输设备、其他运输设备)等。结合对电网实物资产的梳理,通过系统查询可得各年度成本。

2. 区域级年度综合成本核算

1)初始投资阶段

基于投资折旧方法,对某省某地级市电网区域内各小类设备(断路器、隔离开关、开关柜等)投资阶段的年度投资成本进行归集,计算得到各大类设备、变电设备、配电线路及设备、通信线路及设备以及用电计量设备耦合而成的电网区域级年度投资阶段的年度成本,具体见表 6-10,如图 6-7 所示。

表 6-10　2015~2019 年某省某地级市电网投资阶段成本(单位:万元)

年度	2015	2016	2017	2018	2019
变电设备	522.12	3 350.88	861.94	318.31	595.56
配电线路及设备	3 897.71	5 626.89	6 012.65	883.29	8 090.98
通信线路及设备	265.18	218.17	144.36	126.94	280.09
用电计量设备	869.78	917.3	559.28	305.77	544.85
区域级年度成本	5 554.79	10 113.24	7 578.23	1 634.31	9 511.48

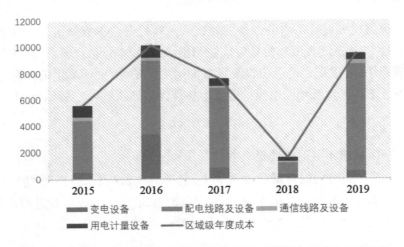

图 6-7　2015~2019 年某省某地级市电网投资阶段的年度成本组成结构

基于表 6-10 和图 6-7,可以看出电网投资阶段的年度成本没有明显的规律,这与电力公司电网规划工作的流程有关。每一年的年末,电力公司会根据区域内的实际需求和投资预算,制定下一年度的电网投资计划,即电网投资的多少取决于区域内实际情况和投资预算。

2)运维阶段

通过构建模型,对区域级年度成本进行直接归集,以日常运维成本、大修成本、自营材料成本、外包材料成本以及外包检修成本为例,对运维阶段成本进行年度计算,具体见表 6-11~ 表 6-15。

表 6-11　2015~2019 年某省某地级市电网年度日常运维成本（单位：万元）

年度	2015	2016	2017	2018	2019
变电设备	47.52	65.47	54.54	58.77	72.97
配电线路及设备	711.32	420.78	388.32	554.78	544.67
通信线路及设备	33.1	19.58	18.07	25.81	25.34
用电计量设备	69.41	41.06	37.89	14.63	53.15
区域级年度成本	861.37	537.81	498.83	237.53	696.14

表 6-12　2015~2019 年某省某地级市电网年度大修成本（单位：万元）

年度	2015	2016	2017	2018	2019
变电设备	58.63	6 541.22	65.97	69.31	83.06
配电线路及设备	200.51	162.4	149.96	172.39	78.28
通信线路及设备	9.33	7.55	6.97	8.02	3.64
用电计量设备	19.56	15.84	1 463.51	16.82	7.64
区域级年度成本	288.04	251.22	23 754.75	266.55	172.63

表 6-13　2015~2019 年某省某地级市电网自营材料成本（单位：万元）

年度	2015	2016	2017	2018	2019
变电设备	52.02	35.07	40.07	48.88	98.53
配电线路及设备	277.36	187	213.66	260.65	525.35
通信线路及设备	12.9	8.7	9.94	12.12	24.44
用电计量设备	27.06	18.24	20.85	25.43	51.27
区域级年度成本	369.35	249.02	284.53	347.11	699.61

表 6-14　2015~2019 年某省某地级市电网外包材料成本（单位：万元）

年度	2015	2016	2017	2018	2019
变电设备	10.48	3.4	4.82	7.45	0.15
配电线路及设备	55.89	18.13	25.72	39.75	0.8
通信线路及设备	2.6	0.84	1.19	1.85	0.03
用电计量设备	5.45	1.77	2.51	3.87	0.07
区域级年度成本	74.43	24.15	34.26	52.94	1.07

表 6-15　2015~2019 年某省某地级市电网外包检修成本（单位：万元）

年度	2015	2016	2017	2018	2019
变电设备	207.24	179.11	154.66	157.32	145.79
配电线路及设备	443.09	383.91	335.8	402.26	5.76
通信线路及设备	29.73	57.1	39.37	37.18	55.66

年度	2015	2016	2017	2018	2019
用电计量设备	43.24	37.46	32.77	39.25	56.23
区域级年度成本	723.31	657.59	562.6	636.01	263.44

基于以上各表,可以看出,一方面,电网运维阶段的年度成本没有明显的规律,这与电力公司电网实际运营情况有关系,每一年电力公司会根据区域内的实际需求进行运行维护,即电网年度运维成本的多少取决于区域内实际运行情况;另一方面,电网区域级运营维护阶段的成本主要集中于日常检修成本和外包检修成本,以 2015 年为例,日常检修成本和外包检修成本占电网运营维护阶段成本的比例分别为 37.18% 和 31.22%。2015~2018 年,自营材料成本占电网运营维护阶段成本的比例为 14.18%~17.59%。

6.3　电网区域级资产年度综合成本与设备级资产年度成本耦合关系模型

6.3.1　初始投资阶段耦合关系

初始投资阶段电网区域级资产年度成本与设备级资产年度成本的耦合关系即设备级资产年度成本与区域级资产年度成本的比例关系。通过分析初始投资阶段二者的耦合关系,有利于深入了解电力公司电网投资的侧重点,为优化电网投资,提高电网投资的效率和效益,实现精准化投资提供理论和数据基础。

初始投资阶段区域级资产年度成本与初始投资阶段变电设备成本的耦合关系可如式(6-37)所示:

$$(\lambda_t^{\text{subs,breaker}}, \lambda_t^{\text{subs,switch}}, \lambda_t^{\text{subs,cabinet}}, \lambda_t^{\text{subs,gis}}, \lambda_t^{\text{subs,other}}) \begin{bmatrix} CI_t,0,0,0,0 \\ 0,CI_t,0,0,0 \\ 0,0,CI_t,0,0 \\ 0,0,0,CI_t,0 \\ 0,0,0,0,CI_t \end{bmatrix} \tag{6-37}$$

$$= (CI_t^{\text{subs,breaker}}, CI_t^{\text{subs,switch}}, CI_t^{\text{subs,cabinet}}, CI_t^{\text{subs,gis}}, CI_t^{\text{subs,other}})$$

式中:$\lambda_t^{\text{subs,breaker}}$、$\lambda_t^{\text{subs,switch}}$、$\lambda_t^{\text{subs,cabinet}}$、$\lambda_t^{\text{subs,gis}}$ 和 $\lambda_t^{\text{subs,other}}$ 分别表示第 t 年断路器、隔离开关、开关柜、组合电器和其他电气一般设备初始投资阶段的成本占电网区域级资产初始投资阶段成本的比例。

由断路器、隔离开关、开关柜、组合电器和其他电气一般设备初始投资阶段的成本占电网区域级资产初始投资阶段成本的比例,可以得到变电设备初始投资阶段的成本占电网区域级资产初始投资阶段成本的比例,λ_t^{subs} 具体表示如式(6-38)所示:

$$\lambda_t^{\text{subs}} = \lambda_t^{\text{subs,breaker}} + \lambda_t^{\text{subs,switch}} + \lambda_t^{\text{subs,cabinet}} + \lambda_t^{\text{subs,gis}} + \lambda_t^{\text{subs,other}} \tag{6-38}$$

初始投资阶段区域级资产年度成本与初始投资阶段配电线路及设备成本的耦合关系可表示为

$$(\lambda_t^{\text{dist,O-line}}, \lambda_t^{\text{dist,C-line}}, \lambda_t^{\text{dist,T-equipment}}, \lambda_t^{\text{dist,O-equipment}}) \begin{bmatrix} CI_t, 0, 0, 0 \\ 0, CI_t, 0, 0 \\ 0, 0, CI_t, 0 \\ 0, 0, 0, CI_t \end{bmatrix} \tag{6-39}$$

$$= (CI_t^{\text{dist,O-line}}, CI_t^{\text{dist,C-line}}, CI_t^{\text{dist,T-equipment}}, CI_t^{\text{dist,O-equipment}})$$

式中：$\lambda_t^{\text{dist,O-line}}$、$\lambda_t^{\text{dist,C-line}}$、$\lambda_t^{\text{dist,T-equipment}}$ 和 $\lambda_t^{\text{dist,O-equipment}}$ 分别表示第 t 年配电架空线路、配电电缆、配电变压器和其他配电设备初始投资阶段的成本占电网区域级资产初始投资阶段成本的比例。

由配电架空线路、配电电缆、配电变压器和其他配电设备初始投资阶段的成本占电网区域级资产初始投资阶段成本的比例，可以得到配电线路及设备初始投资阶段的成本占电网区域级资产初始投资阶段成本的比例，λ_t^{dist} 具体可表示为

$$\lambda_t^{\text{dist}} = \lambda_t^{\text{dist,O-line}} + \lambda_t^{\text{dist,C-line}} + \lambda_t^{\text{dist,T-equipment}} + \lambda_t^{\text{dist,O-equipment}} \tag{6-40}$$

初始投资阶段区域级资产年度成本与初始投资阶段通信线路及设备成本的耦合关系可表示为

$$(\lambda_t^{\text{comm,line}}, \lambda_t^{\text{comm,equipment}}) \begin{bmatrix} CI_t, 0 \\ 0, CI_t \end{bmatrix} = (CI_t^{\text{comm,line}}, CI_t^{\text{comm,equipment}}) \tag{6-41}$$

式中：$\lambda_t^{\text{comm,line}}$ 和 $\lambda_t^{\text{comm,equipment}}$ 分别表示第 t 年通信线路和通信设备初始投资阶段的成本占电网区域级资产初始投资阶段成本的比例。

由通信线路和通信设备初始投资阶段的成本占电网区域级资产初始投资阶段成本的比例，可以得到通信线路及设备初始投资阶段的成本占电网区域级资产初始投资阶段成本的比例，λ_t^{comm} 具体可表示为

$$\lambda_t^{\text{comm}} = \lambda_t^{\text{comm,line}} + \lambda_t^{\text{comm,equipment}} \tag{6-42}$$

初始投资阶段区域级资产年度成本与初始投资阶段用电计量设备成本的耦合关系可表示为

$$(\lambda_t^{\text{auto,system}}, \lambda_t^{\text{auto,relay}}, \lambda_t^{\text{auto,instrument}}, \lambda_t^{\text{auto,other}}) \begin{bmatrix} CI_t, 0, 0, 0 \\ 0, CI_t, 0, 0 \\ 0, 0, CI_t, 0 \\ 0, 0, 0, CI_t \end{bmatrix} \tag{6-43}$$

$$= (CI_t^{\text{auto,system}}, CI_t^{\text{auto,relay}}, CI_t^{\text{auto,instrument}}, CI_t^{\text{auto,other}})$$

式中：$\lambda_t^{\text{auto,system}}$、$\lambda_t^{\text{auto,relay}}$、$\lambda_t^{\text{auto,instrument}}$ 和 $\lambda_t^{\text{auto,other}}$ 分别表示第 t 年用电计量设备初始投资阶段的成本占电网区域级资产初始投资阶段成本的比例。

由用电计量设备初始投资阶段的成本占电网区域级资产初始投资阶段成本的比例，可以得到用电计量设备初始投资阶段的成本占电网区域级资产初始投资阶段成本的比例，λ_t^{auto} 具体可表示为

$$\lambda_t^{\text{auto}} = \lambda_t^{\text{auto,system}} + \lambda_t^{\text{auto,relay}} + \lambda_t^{\text{auto,instrument}} + \lambda_t^{\text{auto,other}} \tag{6-44}$$

6.3.2　运营维护阶段耦合关系

运营维护阶段电网区域级资产年度成本与设备级资产年度成本的耦合关系,即设备级资产年度成本与区域级年度成本的比例关系。通过分析运营维护阶段二者的耦合关系,有助于深入了解电力公司运行维护的基本情况,为提高资产的利用效率,实现精益化运维管理提供理论依据和数据支撑。

运营维护阶段区域级资产年度成本与运营维护阶段变电设备成本的耦合关系可表示如下:

$$
(\theta_{t,X}^{\text{subs,breaker}}, \theta_{t,X}^{\text{subs,switch}}, \theta_{t,X}^{\text{subs,cabinet}}, \theta_{t,X}^{\text{subs,gis}}, \theta_{t,X}^{\text{subs,other}})
\begin{bmatrix}
CM_t, 0, 0, 0, 0 \\
0, CM_t, 0, 0, 0 \\
0, 0, CM_t, 0, 0 \\
0, 0, 0, CM_t, 0 \\
0, 0, 0, 0, CM_t
\end{bmatrix} \tag{6-45}
$$

$$
= (COM_{t,X}^{\text{subs,breaker}}, COM_{t,X}^{\text{subs,switch}}, COM_{t,X}^{\text{subs,cabinet}}, COM_{t,X}^{\text{subs,gis}}, COM_{t,X}^{\text{subs,other}})
$$

$$
(\theta_{t,Y}^{\text{subs,breaker}}, \theta_{t,Y}^{\text{subs,switch}}, \theta_{t,Y}^{\text{subs,cabinet}}, \theta_{t,Y}^{\text{subs,gis}}, \theta_{t,Y}^{\text{subs,other}})
\begin{bmatrix}
CM_t, 0, 0, 0, 0 \\
0, CM_t, 0, 0, 0 \\
0, 0, CM_t, 0, 0 \\
0, 0, 0, CM_t, 0 \\
0, 0, 0, 0, CM_t
\end{bmatrix} \tag{6-46}
$$

$$
= (CMM_{t,Y}^{\text{subs,breaker}}, CMM_{t,Y}^{\text{subs,switch}}, CMM_{t,Y}^{\text{subs,cabinet}}, CMM_{t,Y}^{\text{subs,gis}}, CMM_{t,Y}^{\text{subs,other}})
$$

式中: $\theta_{t,X}^{\text{subs,breaker}}$、$\theta_{t,X}^{\text{subs,switch}}$、$\theta_{t,X}^{\text{subs,cabinet}}$、$\theta_{t,X}^{\text{subs,cabinet}}$ 和 $\theta_{t,X}^{\text{subs,other}}$ 分别表示第 t 年断路器、隔离开关、开关柜、组合电器和其他电气一般设备的日常检修成本、生产大修成本和外包检修成本占电网区域级资产运营维护阶段成本的比例; $\theta_{t,Y}^{\text{subs,breaker}}$、$\theta_{t,Y}^{\text{subs,switch}}$、$\theta_{t,Y}^{\text{subs,cabinet}}$、$\theta_{t,Y}^{\text{subs,gis}}$ 和 $\theta_{t,Y}^{\text{subs,other}}$ 分别表示第 t 年断路器、隔离开关、开关柜、组合电器和其他电气一般设备的自营材料成本和外包材料成本占电网区域级资产运营维护阶段成本的比例。

由上述分析,可以得到变电设备运营维护阶段成本占电网区域级资产运营维护阶段成本的比例 θ_t^{subs},具体可表示为

$$
\theta_t^{\text{subs}} = \theta_{t,X}^{\text{subs,breaker}} + \theta_{t,X}^{\text{subs,switch}} + \theta_{t,X}^{\text{subs,cabinet}} + \theta_{t,X}^{\text{subs,gis}} + \theta_{t,X}^{\text{subs,other}} +
$$
$$
\theta_{t,Y}^{\text{subs,breaker}} + \theta_{t,Y}^{\text{subs,switch}} + \theta_{t,Y}^{\text{subs,cabinet}} + \theta_{t,Y}^{\text{subs,gis}} + \theta_{t,Y}^{\text{subs,other}} \tag{6-47}
$$

运营维护阶段区域级资产年度成本与运营维护阶段配电线路及设备成本的耦合关系可表示为

$$
(\theta_{t,X}^{\text{dist,O-line}}, \theta_{t,X}^{\text{dist,C-line}}, \theta_{t,X}^{\text{dist,T-equipment}}, \theta_{t,X}^{\text{dist,O-equipment}})
\begin{bmatrix}
CM_t, 0, 0, 0 \\
0, CM_t, 0, 0 \\
0, 0, CM_t, 0 \\
0, 0, 0, CM_t
\end{bmatrix} \tag{6-48}
$$

$$
= (COM_{t,X}^{\text{dist,O-line}}, COM_{t,X}^{\text{dist,C-line}}, COM_{t,X}^{\text{dist,T-equipment}}, COM_{t,X}^{\text{dist,O-equipment}})
$$

$$(\theta_{t,Y}^{\text{dist,O-line}}, \theta_{t,Y}^{\text{dist,C-line}}, \theta_{t,Y}^{\text{dist,T-equipment}}, \theta_{t,Y}^{\text{dist,O-equipment}})\begin{bmatrix} CM_t,0,0,0 \\ 0,CM_t,0,0 \\ 0,0,CM_t,0 \\ 0,0,0,CM_t \end{bmatrix} \qquad (6\text{-}49)$$

$$= (CMM_{t,Y}^{\text{dist,O-line}}, CMM_{t,Y}^{\text{dist,C-line}}, CMM_{t,Y}^{\text{dist,T-equipment}}, CMM_{t,Y}^{\text{dist,O-equipment}})$$

式中：$\theta_{t,X}^{\text{dist,O-line}}$、$\theta_{t,X}^{\text{dist,C-line}}$、$\theta_{t,X}^{\text{dist,T-equipment}}$ 和 $\theta_{t,X}^{\text{dist,O-equipment}}$ 分别表示第 t 年配电架空线路、配电电缆、配电变压器和其他配电设备的日常检修成本、生产大修成本和外包检修成本占电网区域级资产运营维护阶段成本的比例；$\theta_{t,Y}^{\text{dist,O-line}}$、$\theta_{t,Y}^{\text{dist,C-line}}$、$\theta_{t,Y}^{\text{dist,T-equipment}}$ 和 $\theta_{t,Y}^{\text{dist,O-equipment}}$ 分别表示第 t 年配电架空线路、配电电缆、配电变压器和其他配电设备的自营材料成本和外包材料成本占电网区域级资产运营维护阶段成本的比例。

由上述分析,可以得到配电线路及设备运营维护阶段成本占电网区域级资产运营维护阶段成本的比例 θ_t^{dist},具体可表示为

$$\theta_t^{\text{dist}} = \theta_{t,X}^{\text{dist,O-line}} + \theta_{t,X}^{\text{dist,C-line}} + \theta_{t,X}^{\text{dist,T-equipment}} + \theta_{t,X}^{\text{dist,O-equipment}}$$
$$+ \theta_{t,Y}^{\text{dist,O-line}} + \theta_{t,Y}^{\text{dist,C-line}} + \theta_{t,Y}^{\text{dist,T-equipment}} + \theta_{t,Y}^{\text{dist,O-equipment}} \qquad (6\text{-}50)$$

运营维护阶段区域级资产年度成本与运营维护阶段通信线路及设备成本的耦合关系可表示为

$$(\theta_{t,X}^{\text{comm,line}}, \theta_{t,X}^{\text{comm,equipment}})\begin{bmatrix} CM_t,0 \\ 0,CM_t \end{bmatrix} = (COM_{t,X}^{\text{comm,line}}, COM_{t,X}^{\text{comm,equipment}}) \qquad (6\text{-}51)$$

$$(\theta_{t,Y}^{\text{comm,line}}, \theta_{t,Y}^{\text{comm,equipment}})\begin{bmatrix} CM_t,0 \\ 0,CM_t \end{bmatrix} = (CMM_{t,Y}^{\text{comm,line}}, CMM_{t,Y}^{\text{comm,equipment}}) \qquad (6\text{-}52)$$

式中：$\theta_{t,X}^{\text{comm,line}}$ 和 $\theta_{t,X}^{\text{comm,equipment}}$ 分别表示第 t 年通信线路和通信设备的日常检修成本、生产大修成本和外包检修成本占电网区域级资产运营维护阶段成本的比例；$\theta_{t,Y}^{\text{comm,line}}$ 和 $\theta_{t,Y}^{\text{comm,equipment}}$ 分别表示第 t 年通信线路和通信设备的自营材料成本和外包材料成本占电网区域级资产运营维护阶段成本的比例。

由上述分析,可以得到通信线路及设备运营维护阶段成本占电网区域级资产运营维护阶段成本的比例 θ_t^{comm},具体可表示为

$$\theta_t^{\text{comm}} = \theta_{t,X}^{\text{comm,line}} + \theta_{t,X}^{\text{comm,equipment}} + \theta_{t,Y}^{\text{comm,line}} + \theta_{t,Y}^{\text{comm,equipment}} \qquad (6\text{-}53)$$

运营维护阶段区域级资产年度成本与运营维护阶段用电计量设备成本的耦合关系可表示为

$$(\theta_{t,X}^{\text{auto,system}}, \theta_{t,X}^{\text{auto,relay}}, \theta_{t,X}^{\text{auto,instrument}}, \theta_{t,X}^{\text{auto,other}})\begin{bmatrix} CM_t,0,0,0 \\ 0,CM_t,0,0 \\ 0,0,CM_t,0 \\ 0,0,0,CM_t \end{bmatrix} \qquad (6\text{-}54)$$

$$= (COM_{t,X}^{\text{auto,system}}, COM_{t,X}^{\text{auto,relay}}, COM_{t,X}^{\text{auto,instrument}}, COM_{t,X}^{\text{auto,other}})$$

$$(\theta_{t,Y}^{\text{auto,system}}, \theta_{t,Y}^{\text{auto,relay}}, \theta_{t,Y}^{\text{auto,instrument}}, \theta_{t,Y}^{\text{auto,other}}) \begin{bmatrix} CM_t, 0, 0, 0 \\ 0, CM_t, 0, 0 \\ 0, 0, CM_t, 0 \\ 0, 0, 0, CM_t \end{bmatrix} \quad (6\text{-}55)$$

$$= (CMM_{t,Y}^{\text{auto,system}}, COM_{t,Y}^{\text{auto,relay}}, COM_{t,Y}^{\text{auto,instrument}}, COM_{t,Y}^{\text{auto,other}})$$

式中：$\theta_{t,X}^{\text{auto,system}}$、$\theta_{t,X}^{\text{auto,relay}}$、$\theta_{t,X}^{\text{auto,instrument}}$ 和 $\theta_{t,X}^{\text{auto,other}}$ 分别表示第 t 年自动化系统及设备、继电保护及安全自动装置、仪器仪表及测试设备和其他控制及保护设备的日常检修成本、生产大修成本和外包检修成本占电网区域级资产运营维护阶段成本的比例；$\theta_{t,Y}^{\text{auto,system}}$、$\theta_{t,Y}^{\text{auto,relay}}$、$\theta_{t,Y}^{\text{auto,instrument}}$ 和 $\theta_{t,Y}^{\text{auto,other}}$ 分别表示第 t 年自动化系统及设备、继电保护及安全自动装置、仪器仪表及测试设备和其他控制及保护设备的自营材料成本和外包材料成本占电网区域级资产运营维护阶段成本的比例。

由上述分析，可以得到用电计量设备运营维护阶段成本占电网区域级资产运营维护阶段成本的比例 θ_t^{auto}，具体可表示为

$$\begin{aligned} \theta_t^{\text{auto}} = {} & \theta_{t,X}^{\text{auto,system}} + \theta_{t,X}^{\text{auto,relay}} + \theta_{t,X}^{\text{auto,instrument}} + \theta_{t,X}^{\text{auto,other}} + \\ & \theta_{t,Y}^{\text{auto,system}} + \theta_{t,Y}^{\text{auto,relay}} + \theta_{t,Y}^{\text{auto,instrument}} + \theta_{t,Y}^{\text{auto,other}} \end{aligned} \quad (6\text{-}56)$$

6.3.3 算例分析

1. 初始投资阶段耦合关系

基于耦合关系分析模型，进一步分析电网区域级资产投资阶段年度成本与设备级资产投资阶段年度成本的耦合关系，具体如图 6-8 ~ 图 6-12 所示。

断路器　　　　　　　隔离开关
开关柜　　　　　　　组合电器
其他电气一般设备　　配电架空线路
配电电缆　　　　　　配电变压器
其他配电设备　　　　通信线路
通信设备　　　　　　自动化系统及设备
继电保护及安全自动装置　仪器仪表及测试设备
其他控制和保护设备

图 6-8　2015 年某省某地级市电网区域级资产投资阶段成本与设备级资产投资阶段成本的耦合关系

断路器 · 　　　　　　　　　隔离开关 ·
开关柜 · 　　　　　　　　　组合电器 ·
其他电气一般设备 · 　　　　配电架空线路 ·
配电电缆 · 　　　　　　　　配电变压器 ·
其他配电设备 · 　　　　　　通信线路 ·
通信设备 · 　　　　　　　　自动化系统及设备 ·
继电保护及安全自动装置 · 　仪器仪表及测试设备 ·
其他控制和保护设备 ·

图 6-9　2016 年某省某地级市电网区域级资产投资阶段成本与设备级资产投资阶段成本的耦合关系

断路器 · 　　　　　　　　　隔离开关 ·
开关柜 · 　　　　　　　　　组合电器 ·
其他电气一般设备 · 　　　　配电架空线路 ·
配电电缆 · 　　　　　　　　配电变压器 ·
其他配电设备 · 　　　　　　通信线路 ·
通信设备 · 　　　　　　　　自动化系统及设备 ·
继电保护及安全自动装置 · 　仪器仪表及测试设备 ·
其他控制和保护设备 ·

图 6-10　2017 年某省某地级市电网区域级资产投资阶段成本与设备级资产投资阶段成本的耦合关系

断路器 · 　　　　　　　　　隔离开关 ·
开关柜 · 　　　　　　　　　组合电器 ·
其他电气一般设备 · 　　　　配电架空线路 ·
配电电缆 · 　　　　　　　　配电变压器 ·
其他配电设备 · 　　　　　　通信线路 ·
通信设备 · 　　　　　　　　自动化系统及设备 ·
继电保护及安全自动装置 · 　仪器仪表及测试设备 ·
其他控制和保护设备 ·

图 6-11　2018 年某省某地级市电网区域级资产投资阶段成本与设备级资产投资阶段成本的耦合关系

- 断路器
- 开关柜
- 其他电气一般设备
- 配电电缆
- 其他配电设备
- 通信设备
- 继电保护及安全自动装置
- 其他控制和保护设备

- 隔离开关
- 组合电器
- 配电架空线路
- 配电变压器
- 通信线路
- 自动化系统及设备
- 仪器仪表及测试设备

图 6-12　2019 年某省某地级市电网区域级资产投资阶段成本与设备级资产投资阶段成本的耦合关系

如图 8~ 图 12 所示,某省某地级市电网的投资主要集中于配电变压器(28.16%)、其他配电设备(21.76%)和配电架空线路(15.28%)。2017 年和 2018 年,电网的投资结构与 2015 年相似;2019 年,进一步加大了对配电变压器和其他配电设备的投资,二者的投资成本分别占电网投资阶段成本的 40.06% 和 30.08%。

总体来看,电网投资主要集中于配电变压器、其他配电设备和配电架空线路,尤其是配电变压器和其他配电设备,二者的投资成本所占电网投资阶段成本的比例,通常超过 50%。

2. 运营维护阶段耦合关系

基于耦合关系分析模型,进一步以日常检修成本为代表,分析电网区域级资产运营维护阶段日常检修成本与设备级资产运营维护阶段日常检修成本的耦合关系,具体如图 6-13~ 图 6-17 所示。

- 断路器
- 开关柜
- 其他电气一般设备
- 配电电缆
- 其他配电设备
- 通信设备
- 继电保护及安全自动装置
- 其他控制和保护设备

- 隔离开关
- 组合电器
- 配电架空线路
- 配电变压器
- 通信线路
- 自动化系统及设备
- 仪器仪表及测试设备

图 6-13　2015 年某省某地级市电网区域级资产运营维护阶段日常检修成本与设备级资产运营维护阶段日常检修成本的耦合关系

图 6-14　2016 年某省某地级市电网区域级资产运营维护阶段日常检修成本与设备级资产运营维护阶段
日常检修成本的耦合关系

图 6-15　2017 年某省某地级市电网区域级资产运营维护阶段日常检修成本与设备级资产运营维护阶段
日常检修成本的耦合关系

图 6-16　2018 年某省某地级市电网区域级资产运营维护阶段日常检修成本与设备级资产运营维护阶段
日常检修成本的耦合关系

- 断路器 · 隔离开关
- 开关柜 · 组合电器
- 其他电气一般设备 · 配电架空线路
- 配电电缆 · 配电变压器
- 其他配电设备 · 通信线路
- 通信设备 · 自动化系统及设备
- 继电保护及安全自动装置 · 仪器仪表及测试设备
- 其他控制和保护设备

图 6-17 2019 年某省某地级市电网区域级资产运营维护阶段日常检修成本与设备级资产运营维护阶段日常检修成本的耦合关系

如图 6-13~ 图 6-17 所示，2015 年电网的运营维护主要集中于配电架空线路、配电变压器和其他配电设备，以上三类设备运营维护阶段日常检修成本占电网区域级资产运营维护阶段日常检修成本的比例分别为 32.02%、30.24% 和 14.86%。2016~2019 年电网区域级资产运营维护阶段日常检修成本的结构与 2015 年类似。

对比运营维护阶段和初始投资阶段可知，某省某地级市电网区域级资产运营维护阶段日常检修成本的结构与初始投资阶段成本的结构保持一致。